【高中版】

二十四节气食育与劳动

王长启　张　琳　主编

全国百佳图书出版单位
中国中医药出版社
·北 京·

图书在版编目（CIP）数据

二十四节气食育与劳动：高中版 / 王长啟，张琳

主编 . —北京：中国中医药出版社，2023.9

ISBN 978-7-5132-8265-9

Ⅰ．①二… Ⅱ．①王… ②张… Ⅲ．①二十四节气—
青少年读物②营养卫生—青少年读物③劳动教育—青少年
读物 Ⅳ．① P462-49 ② R153.2-49 ③ G40-015

中国国家版本馆 CIP 数据核字（2023）第 115465 号

中国中医药出版社出版

北京经济技术开发区科创十三街 31 号院二区 8 号楼

邮政编码   100176

传真   010-64405721

河北品睿印刷有限公司印刷

各地新华书店经销

开本 710×1000   1/16   印张 15   字数 186 千字

2023 年 9 月第 1 版   2023 年 9 月第 1 次印刷

书号   ISBN 978 - 7 - 5132 - 8265 - 9

定价   49.00 元

网址   www.cptcm.com

服 务 热 线   010-64405510

购 书 热 线   010-89535836

维 权 打 假   010-64405753

微信服务号   zgzyycbs

微商城网址   https://kdt.im/LIdUGr

官 方 微 博   http://e.weibo.com/cptcm

天猫旗舰店网址   https://zgzyycbs.tmall.com

如有印装质量问题请与本社出版部联系（010-64405510）

《二十四节气食育与劳动：高中版》
编委会

　　为了深入贯彻习近平总书记关于教育的重要论述，2018 年全国教育大会提出：劳动教育是我国德智体美劳全面发展教育方针的重要组成部分。2020 年，《中共中央 国务院印发关于全面加强新时代大中小学劳动教育的意见》发布，2020 年教育部印发实施《大中小学劳动教育指导纲要》，2022 年教育部发布《义务教育劳动课程标准（2022 年版）》。从这些政策、文件、课程纲要到课程标准，可以清晰地看出国家对劳动教育是一步一步在不断细化，并整体构建了劳动教育课程体系，凝练了学生必备的核心素养。

　　从劳动教育的内容看，包括日常生活劳动、生产劳动和服务性劳动三个方面，引导学生从现实生活的真实需求出发，通过设计制作、实验、探究等方式在真实的情景下动手操作，亲身体验，经历完整的劳动实践过程。劳动教育涉及到社会和生活的各个方面，除了学校的教师之外，学生的家长也可以成为劳动教育实践中的组织者、指导者、参与者、促进者、评价者、呵护者。《二十四节气食育与劳动》这套书（分小学版、初中版、高中版），就是为这些愿意和学生一起开展劳动教育的实践者编写的。

　　《义务教育劳动课程标准（2022 年版）》中指出，学生要主动承担一定的家庭清洁、烹饪、家居美化等日常生活劳动，进一步加强家政知识和技能的学习与实践，理解劳动创造美好生活的道理，提高生活自理能力，增强家庭责任意识。劳动内容中明确规定烹饪与营养是日常生活劳动的重要内容。参与简单的家庭烹饪劳动，如择菜、洗菜等食材粗加工，根据需要选择合适的工具削水果皮，用合适的器皿冲泡饮品，初步了解蔬菜、水果、饮品等食物的营养价值和科学食用方法。在素养表现方面，能在家庭烹饪劳动中进行简单的食材粗加工，掌握日常简单烹饪工具、器皿的使用方法和注意事项。树立安全劳动意识，以及"自己的事情自己做"的生活自理意识，初步具有科学处理果蔬、制作饮品的意识和能力。长启先生的《二十四节气食育与劳动》这套书中的内容和践研标准与劳动教育任务群的要求完全一致，也是劳动教育任务群的具体展开和实施。

综合实践活动是面向中小学生的必修课程，是从学生的真实生活和发展需要出发，从生活情境中发现问题转化为活动主题，通过探究、服务、制作、体验等方式，培养学生综合素质的跨学科实践性活动。《二十四节气食育与劳动》中的每一章节都是很好的综合实践活动主题，既可以在学校实施，也可以在家庭中实施，教师和家长都可以是活动的导师。《二十四节气食育与劳动》又是按照二十四节气编写的，可以在一年中的任何时段进行活动，是综合实践活动整体实施中的重要活动内容，为中小学生提供了丰富的劳动和综合实践的教育内容，对当前教育改革的深入实施起到了促进作用。会吃的孩子最健康，会做饭的孩子最幸福！所以这是一本送给孩子们的有价值的参考书和学生读物。

中国教育学会教育管理专业委员会课程专家
北京教育科学研究院基础教育教学研究中心　　陶礼光
2023 年 4 月

　　二十四节气是中国人民的伟大创造，闪耀着东方智慧，是中华传统文明的代表性符号之一，伴随着中华文化的复兴，正不断影响着世界。二十四节气是农耕文化的产物，浓缩了中国古代先人对天气变化及如何适应环境的理解，它不仅是农业生产的规划表，还与我们生活的方方面面有着密切的联系。在人类文明和科学技术高度发达的二十一世纪，二十四节气所蕴含的生活智慧之所以依然深入人心，得益于人与自然和谐相处的永恒法则。高度城市化、快节奏的现代生活方式，让人们愈加认识到回归自然的弥足珍贵和舒畅自由！

　　《二十四节气食育与劳动》这套书（分小学版、初中版、高中版）以二十四节气文化为核心，从生命健康、地理气候、生物生态、物理科学四个层面，结合食育教学中趣味盎然的节气膳食制作知识进行了介绍，让同学们在日常生活中就能够切身感受到不同节气的自然变化异同，进而提升对于节气文化的理性认知，于潜移默化中强化同学们对传统文化的学习和掌握。同时，本书有针对性地设计了劳动实践内容，为学生劳动课提供了丰富的教学资源，教育学生要尊重自然、敬畏自然、顺应自然，要热爱劳动，注重对学生优秀品德和责任心的培养。这是一门极富创新性的课程，我想肯定会受到广大师生的欢迎。

书中涉及的生命健康和养生知识与中医药文化密切相关。中医药学是中华民族的伟大创造，是中国古代科学的瑰宝，是打开中华文明宝库的钥匙，为中华民族繁衍生息做出了巨大贡献。中医的理论奠基之作《黄帝内经》有云"天覆地载，万物悉备，莫贵于人，人以天地之气生，四时之法成"，强调人是自然界的一分子。中医药学自古至今未曾忽弃的底色本质，便是其始终亲近自然、遵循自然、效仿自然的医学启源模式。因此，二十四节气文化和中医药学有着共同的传统文化根基，两者相互影响，是深入中华民族骨髓的文化基因。近年来，我国特别重视中医药文化进校园的创新模式，强调要引导中小学生了解中医药文化的重要价值，推动中医药文化贯穿国民教育始终。很高兴看到《二十四节气食育与劳动》这套书有机融入了中医药知识，这将进一步丰富中小学中医药文化教育内涵，激发学生对中华传统文化的自豪感与自信心，也有助于中小学生养成良好的健康意识和生活习惯，为精彩的人生打下健康的基础。

人与自然是生命共同体，大自然是人类赖以生存发展的基本条件。二十四节气和中医药文化都是中华民族敬畏自然、顺应自然先进理念的文化产物，希望同学们在这门课程的学习过程中，有所感，有所悟，有所获！

《中医药文化中小学生读本》执行主编　何清湖
2023 年 4 月

劳动教育是中国特色社会主义教育制度的重要内容，劳动教育要把握育人方向，要围绕培养担当民族复兴大任的时代新人，着力提升学生综合素质，促进学生全面发展，健康成长。

高中阶段，我们更应该引导学生树立正确的劳动观，让孩子们崇尚劳动，尊重劳动，增强对劳动人民的感情，报效祖国，奉献社会。马克思认为，劳动创造幸福。人们只有自由、自觉地从事劳动才能获得幸福的生活。而当生产劳动成为个体自由意志的实现途径时，劳动就从一种负担变成了一种快乐的活动。劳动是人们获得幸福的唯一源泉，为人类的幸福奠基应是劳动教育的必然追求。

劳动教育作为立德树人、塑造高素质劳动者的重要工作，是培养学生劳动意识、劳动能力和劳动情感等的关键路径，肩负着引导学生学习和践行马克思劳动幸福观的重要使命。二十四节气与人类的生产劳动密切相连。自古以来，劳动人民的春播、夏种、秋收、冬藏都是依照二十四节气来安排的。跟着"二十四节气"按照大自然的规律，去探究那些光阴里的中国智慧，重要且必要。

"民生在勤，勤则不匮。"面对人才培养的高质量发展要求，我们更应该关注到孩子们的以下两个方面。首先，我们要坚持教育的实践性原则。实践是认识的来源，孩子们的实践更多的是生活实践，因此我们要努力通过生活实践来培养孩子们，为他们的创造精神打好基础。家长和老师要能够成为孩子们实践活动的参与者而非主导者，要为孩子们的成长创造美好的体验，要厚植成长沃土。此外，我们还要呵护孩子们的好奇心，提升他们的创造能力。因为参与劳动，为了维护农作物的生存、生长直至成熟，迎来收获……孩子们会不断进行探究。每个孩子既是自己的教育者，也是学习者。

育人为教育之本，在自然与人文的融通中，教会孩子们认识农作物，学习劳动技能，养成劳动习惯，形成劳动意识，在教育要高质量发展的今天，意义非凡。

张　琳

2023 年 5 月

目　录

二十四节气——
中华传统文化的智慧结晶

二十四节气七言诗

地球绕着太阳转，绕完一圈是一年。

一年分成十二月，二十四节紧相连。

按照公历来推算，每月两气不改变。

上半年是六廿一，下半年逢八廿三。

这些就是交节日，有差不过一两天。

二十四节有先后，下列口诀记心间：

一月小寒接大寒，二月立春雨水连；

惊蛰春分在三月，清明谷雨四月天；

五月立夏和小满，六月芒种夏至连；

七月小暑和大暑，立秋处暑八月间；

九月白露接秋分，寒露霜降十月全；

立冬小雪十一月，大雪冬至迎新年。

抓紧季节忙生产，种收及时保丰年。

二十四节气最早起源于上古农耕时代

早在春秋战国时期，农业生产是维系整个社会存在和发展的根基，搞好农业生产自然成为人们生活中最重要的事情。但是要搞好农业生产，首先要掌握农时，把握自然气候的变化规律，利用最有利的时节播种，最大限度地减少农作物的损失。那么怎样才能有效地把握自然变化的规律呢？开始的时候，人们从观察物候的变化入手。什么叫物候？就是自然界生物和非生物对气候变化的反应。这些反应都是有规律可循的。

西周和春秋时代的人们用土圭来测日影，利用直立的杆子在正午时刻测其影子的长短，把一年中影子最短的一天定为夏至，最长的一天定为冬至，影子为长短之和一半的两天分别定为春分、秋分。

战国末期，即公元前239年，又增加了立春、立夏、立秋、立冬四节气（《吕氏春秋·十二纪》）。到汉代时，历时数千年，既反映季节，又反映气候现象和气候变化，能够为农牧业提供生产日程的二十四节气全部完备。

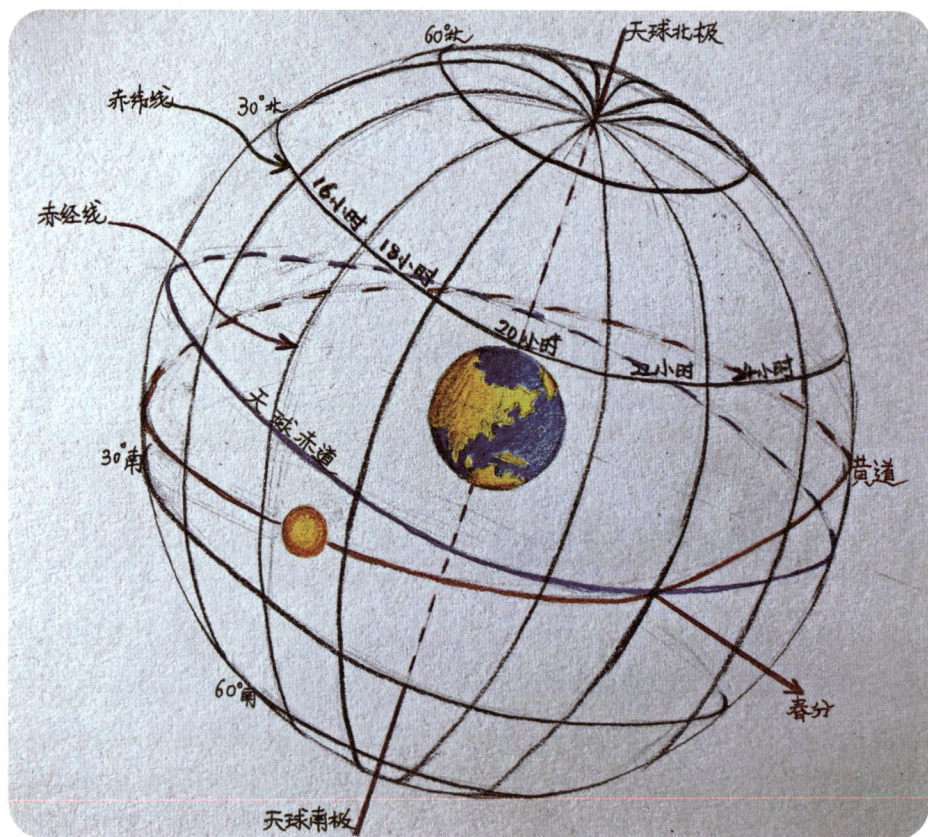

勤劳智慧的古人，在确定二十四节气的名称时，也考虑到了当时的气候变化、物象反应及农事活动。预示季节转换的有立春、立夏、立秋、立冬、春分、夏至、秋分、冬至八个节气，反映气温变化的有小暑、大暑、处暑、小寒、大寒、白露、寒露、霜降八个节气。而雨水、谷雨、小雪、大雪四个节气预示的是降水的时间和程度。惊蛰、清明、小满、芒种四个节气则反映了自然界生物顺应气候变化而出现的生长发育现象与农事活动情况。

　　二十四节气是中国古代劳动人民智慧的结晶，它浓缩了对天气及如何适应环境的理解。其意义深远，用途广泛，与我们生活的方方面面都有着密切的联系。它不仅是农业生产的规划表，也是重要的民间传统节令，指导着人们的生活。时至今日，二十四节气的饮食和养生也备受人们的推崇。

　　二十四节气不但和农时、农作物、气候、地理有关，也与我们的身体、心理、生活、疾病有关，与我国的中医理论、中医治疗、食疗、中医养生密切相关。

第一章

立 春

公历每年
2月3日至5日

——

太阳到达黄经 315° 时
为立春

京春将至　咬春当时
春饼益食　合理膳食
强身健体　劳作种植
立春一日　百草回芽

立春时，北方人的食物还是以冬季储存的大白菜、土豆、白萝卜、胡萝卜、洋葱、干菜、咸菜等为主，主食以大米、玉米面、白面为主，还会有一些大豆（黄豆）、绿豆、红小豆。但在过去，这个时节往往会面临"青黄不接"的窘境。

一方面，是因为"打春（立春）"开始，大白菜的丝就会出"筋"，在制作过程中就不能竖着切了，必须要横着、顶着切，也叫切罗锅圈，这样才能把"筋"切断，吃的时候不塞牙。还有就是大白菜会长出芽子来，北京人管它叫"长娃子"了，是到了应该种白菜头的时候了，好打籽，为以后的种植做准备。土豆也会长芽，土豆长芽就不能食用了，人们吃了会中毒，轻者上吐下泻、头晕、恶心、心慌气短等，重者则会危及生命。

另一方面，早在三四十年前，受经济和农业科学技术发展的限制，我们在饮食上还停留在原始的状况下，没有或很少有温室种植的农作物，交通也不便利，运输设备也不完善。因此，我们饮食的食材，主要来源还是本地域的自然生长作物。在我国的南方，食物种类会多于北方，南方人餐桌上食物品种比北方人的要丰富得多。

随着社会的发展、经济水平的提高、交通的便利，现在我们餐桌上的食物，已经不再分东南西北了，也不再分一年四季了，各地、各季的食物已经可以同时占领市场和餐桌了。

第一节　节气课

一、健康老师有话说

阳气上升，多吃些升发食物：打春（立春）以后，我们身体的各个细胞开始活跃，筋骨开始"松动"，体内的阳气开始上升。在这个时节，应该多吃些升发的食物，如绿豆芽、黄豆芽等芽菜，也可以多吃些升阳的食物，如韭菜、韭黄、蒜黄、蒜苗等。打春后，肝气升发，也是肝病的高发季节。细菌、微生物也开始滋生，脑膜炎也容易流行。因此，人们要注意饮食卫生，也要少吃辛辣、过咸的食物。

立春时节养生粥

粳米、花生、小米、大枣、百合、桂圆一起熬煮成粥。

立春的民俗饮食

立春也叫打春、咬春。立春当日，老北京人有吃春饼（荷叶饼）的习俗。

二、 地理老师有话说

冻土慢慢融化： 立春后土壤会开始松动，地表温度也开始上升，冻土会慢慢融化（解冻）。如果庄稼地里有人工积的肥或有机肥的肥堆，人们就能看到肥堆上冒气，说明温度往上走，表层冻土融化，也是告诉人们要准备施肥种地了，河里的冰也要开化了。

春捂秋冻： 一年四季分农时四季和气象四季。因此，立春不等于天气就变暖和了，从温度上感觉还是冬天。虽然打春了但是天气还是很冷的，气温变化无常。人们应该随春天天气的变化来增减衣服，我们有"春捂秋冻"之说。

春打六九头： 在老百姓口中流传着这么一句话叫"春打六九头"，也就是说立春是在传统的"六九"前。古语云："五九和六九，抬头看毛柳。"意思是到了"五九、六九"时，柳树开始变绿。

春风送暖： 春季是风向转向变化中的季节，也是西北风与东南风交替更换频繁的季节。因此，我们国家，特别是北京地区，冬季多西北风，夏季多东南风，而只要是逆向变风，天气就会多发生阴雪、阴雨现象。随着风向的变化，气温也会发生相应的变化。

正月打雷，遍地是贼： 春雷也只是一种比喻，立春的时间都是在我国传统的"正月"前后。正月打雷在历史上是很少发生的，也是人们最不愿意听到的。因为一些老百姓认为，若是正月打雷，出现自然灾害的概率就会增大，非旱即涝，农作物会歉收。所以，老话有"正月打雷，遍地是贼"之说，形容自然灾害带来的后果非常严重，人们缺衣少食，盗抢事件频发。正月打雷也警示着人们要多加防范自然灾害。

三、 生物老师有话说

春雨过，万物苏： 立春后，土地变得潮湿（返潮），各种植物开始返绿，意味着新生命的开始。拨开朝阳处的小草，可以看到里面发绿的小芽。什么毛草呀、蒿子呀，特别是北方的茵陈蒿，返绿最早最快。北方的冬小麦是粮食作物最早"起死回生"的物种，给青黄不接时的人们带来福音。

四、物理老师有话说

立春后不管冰层多厚都不能去滑冰： 我们知道，冬季冷，河水会结冰，而且随着温度的下降，冰的厚度会不断地增加，冰层厚度达到一寸以上，人们就能滑冰了。但是，打春以后不管冰层多厚，都不要再上去滑冰了。因为打春之前，冰"丝"是横着的，它的承受能力是很强的，但是打春以后，冰的纹路开始变成立丝，就没有承受力了。这是物理中的力学知识。

第二节　劳动课

在我国广大的北方地区，到了立春节气就开始往农田里运送有机肥了。过去，运送肥料时，路远的会用马车，较近的用牛车，但大多数是用马车，因为马车速度快，也因为耕地得用牛，牛要养着，以便于春耕。虽然已立春，天气还是比较冷的，很多地方积雪没有完全融化，马车最安全。民间有俗语："雨里的骡子雪里的马，大平道上的小毛驴。"就是说，在雪地里，马走路不打滑；在雨地里，骡子走路不打

立春谚语

立春晴一日，
耕田不费力。
立春之日雨淋淋，
阴阴湿湿到清明。
雨淋春牛头，
七七四十九天愁。

滑;在大平道上,毛驴走路最稳。

立春节气,高中生可以赶着马车往农田里运送肥料。如果农田比较近,学生可以推着小车送肥。小车分两个轱辘的和一个轱辘的。一个轱辘的叫独轮车,独轮车是比较难推的,装上东西就更难推,学生可以用来练习"平衡能力"。

马车运肥

推独轮车运肥

> **劳动评说**　　高中生发育相对成熟,也有较强的身体控制能力,可以进一步锻炼自己的四肢协调能力及平衡能力,还可以在18岁取得驾照之前驾驭一下相对原始的交通运输工具,体验不一样的生活。

第三节　营养课

沙琪玛的制作

原料:

1. 主料:面500克,鸡蛋400克,白糖600克,蜂蜜100克。

2. 配料:熟芝麻、果料、玉米粉。

制作：

1.炸条：将面过箩开窝，把鸡蛋加入和好，将面团擀成薄片，切成细条，放入油锅炸熟捞出。炸时油温在 160 ～ 180℃，火不能过旺，否则炸后不美观。

2.熬浆：白糖 600 克加水 250 克，蜂蜜 100 克。熬时糖浆不宜多搅拌，否则会翻沙。感觉合适时，用两个手指在湿布上按一下，然后在手指上滴一滴糖浆，两个手指合在一起再张开，看到有七根丝以上就行了，这是传统手法。为了同学们的安全，我们就在一个水碗里滴几滴糖浆，看是否成形，呈固状。

营养评说

　　沙琪玛因高糖高脂能抗饥耐饿，被常年行走在京西古道的马帮和驼队当作绝佳的行走美食，无意间让这道满族的美食点心沿着京西古道走向了全国。

　　沙琪玛因其松软香甜、蛋香浓郁的特点，深受人们的喜爱。但沙琪玛制作时要经过油炸，而且是用糖浆使其粘合，那热量就不言而喻了。所以当下沙琪玛纵然美味无比，我们也要为健康着想，不能放开吃，不然很容易发胖增重哦。

　　也建议同学们在制作时，尽可能减少白糖或糖浆的使用量，发挥创新思维，用自然甜的生态食材代替部分白糖，让沙琪玛这道传统点心，更适合当代人的健康需求。

第二章

雨水

公历每年
2月19日前后

———

太阳到达黄经330° 时
为雨水

春雨如油　草青树绿
水沛土肥　丰收在季
人心似金　体壮如牛
雨水清明紧相连
植树季节在眼前

在雨水节气时，过去储存的菜类食物几乎已经用尽，这个时候北方主要是以食用干菜和咸菜为主，有条件的可以补充豆腐。这个时节，南方的蔬菜类食物好于北方，北方有条件的地区会种些菠菜和韭菜，但要盖上草帘子。这两种蔬菜生长的时间短，随时可以上市和食用，也成为北方人最早的时令蔬菜。

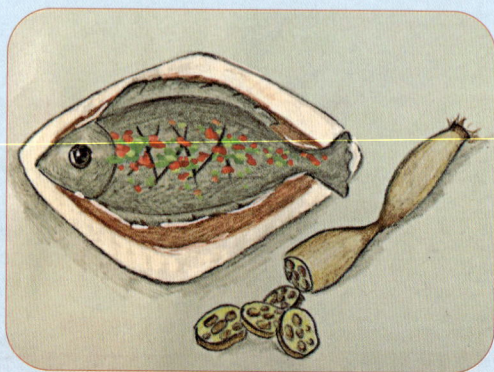

在我国的西北地区，特别是甘（甘肃）、陕（陕西）地区，在历史上就是干旱缺水的地方。过去，那里的人们在每年进入雨水节气后，就要清理自家的水窖，准备储存雨水用，储存的雨水要满足一年的生活用水。那里的人们家家户户都在自己的院子里打水窖，即在院子里的低洼处，根据自己家的情况挖一个大坑，夯实，抹上黄胶泥，用木板或竹板拍实，晾干，在上面盖顶，在顶子上面留个能放进水桶的口，下雨的时候，雨水会往低洼处流，最后流进窖里。人们需要用水的时候，把绳子拴在水桶上，用水桶往上提水。储存的雨水主要用于一家人饮用、做饭、洗脸、洗手、洗衣服，喂养家禽、家畜等。直到现在，在我国的西北地区，还有很多的地方是这样，只是用水泥取代了黄胶泥。

雨水节气一到，北方农民们要往农田里运肥、施肥，开始整地、翻地、平地、修渠、打埝，做好春耕的工作，准备适时种植。北方最主要的农活是给冬小麦施肥、掘地、浇水，掘地的好坏决定着小麦的长势和收成，也可以在小麦之间套种大豆或其他豆科植物。

第一节　节气课

一、健康老师有话说

多选择健脾胃的甘甜食物： 过去，到了雨水节气，北方人是最难熬的。粮食将要吃尽，还要留出种子，家禽、家畜又到了增加饲料的时候，好繁殖后代，牛马要耕地、拉车，也必须增加粮食类食物。因此，这个节气最容易闹饥荒，粮食会很快用尽。这个节气，在过去也是有钱人、富人放高利贷的时节。现在，我们的经济高度发达，已经没有危机（饥）感了！

雨水节气的日常食物应多选择健脾胃的甘甜食物，如豌豆苗、藕、茼蒿、韭菜、香椿、荠菜、春笋、山药、芋头、鱼、荸荠、甘蔗、红枣、燕麦及各种坚果、豆类等。这些食物能够预防雨水时节皮肤干燥，减少心血管疾病的发生。

雨水时节养生茶

枸杞、黄芪、菊花泡水喝，能滋养内脏之气，助肝阳升发。

雨水时节养生粥

首选红枣莲子粥、薏米山药芝麻粥。

倒春的风，更伤人：雨水是春季的第二个节气，风邪逐渐加重，这个时候的"倒春寒"是最要命的。初春天气变化无常，而人体的毛孔也随着阳气的升发而尽数打开，所以稍微不注意就会感染风寒。

二、地理老师有话说

天暖，河开，人要勤：随着雨水节气的到来，雪花纷飞、冷气浸骨的天气渐渐消失，而春风拂面，冰雪融化，湿润的空气、温和的阳光和蒙蒙细雨的日子正向我们走来。这个时候，我国大部分地区的气温已达到0℃以上。南方平均气温在5℃左右，华南地区气温已超过10℃，但华北平原平均气温仍在0℃以下。北方有时仍会有雪花纷飞，但很多迹象都预示着春天快要来临了。在北京地区经常有"十里不通风，隔道不下雨"的天气现象。

雨水节气过后，雷声响，雨水到，土地松，牛马忙，人要勤。

在北方地区，天气相对还是比较干燥，雨水不会太多，早晚温差较大，人们会感觉到寒气刺骨。因为这个时期，北方的温度多在0℃以下，0℃是人们感觉最灵敏的温度，也是最伤人的温度，是最容易发生冻伤的温度。所以，雨水节气的温度变化也具有一定的危害性。

雨水节气一旦过去，天气就会"冻人不冻水"了。天气再冷，无论人们的感觉如何，即使天空有小雪纷飞，但河水开化，不再结冰。南方的天气以多雨为主，季风来往频繁，河水开始上涨。人们在准备繁忙种植作物的同时，也要开始准备预防洪涝灾害和台风了。

三、生物老师有话说

要防灾防病：在南方，农作物开始大面积播种了，特别是早稻，人们开始抓紧时间插秧育秧了。南方的早稻是我国粮食的主要物种。早稻的收成在过去往往决定着全国人民的生存情况，也决定着社会的稳定。所以，在过去有"八百过长江，六百过黄河"的说法，也就是说，南方的水稻要亩产800斤（400千克）以上，北方的小麦要亩产600斤（300千克）以上，人们才能吃饱，才能安居乐业。

雨水节气的气候恰恰是决定南方的水稻、北方的小麦是否能丰收的根本因素。南方能够适时种植早稻等农作物才有丰收的保障；北方天气升温平稳，不干旱，冬小麦才能很好地"返青"，小麦才能丰收，才能有效地预防"青黄不接"。但是，北方的雨水节气往往会出现"倒春寒"。北方有"春寒冻死牛"之说，是非常严重的自然灾害。因为冬小麦刚刚"返青"，气温骤降对冬小麦是致命的伤害，轻者减产，重者无收。

雨水节气一到，动物也开始渐渐活跃。但是，大部分冬眠动物的身体很瘦弱，生病、死亡率较高。家禽、家畜要好些，对饲养的家禽、家畜要开始增加饲料了，因为家禽、家畜要准备繁衍后代了。所以，这个节气是人们最紧张、最繁忙的季节，所谓"一年之计在于春"，春，在于雨水。

第二节　劳动课

　　到了雨水节气，高中生就可以耕地了，如果是小块地，就不适合用农机，有的连牛都不能用，比如小块的梯田，就只能靠人来耕地了。最早的是用二人抬，前面的两个人用肩抬着往前走，后面的一个人用手扶着犁把手，用一只脚踩着犁头往土里扎，还要有一定的斜度，是往后斜着，这样就能把农田豁开了。这叫耕地，又叫翻地。

　　对能用牛的农田，前面一个人牵着牛往前走，后面一个人用手扶着犁把儿，用一只脚踩着犁。牛耕地与人耕地是一样的，但这种耕作都是用单个犁头的犁。如果是用双犁或组合犁，人和牛是拉不动的。

　　把地犁开后就可以平整农田了，为播种做好准备。耕地也是为了把之前撒进地里的有机肥翻到土的下面去，也叫作底肥。

二人抬

牵牛耕地

　　虽然现代社会农业生产机械化已经普及，但受地域、经济条件等限制，人力劳动依然不可或缺。在学习耕地的过程中，通过与同学的配合可以增强互助协作精神，也能体会农民的辛劳，更能进一步从实践中寻找学习及创新的灵感，思考如何运用科学知识使农民的生产劳动变得更加便利而经济。

第三节　营养课

🔵 油条

　　原料：面粉 500 克，白糖 15 克，盐 10 克，碱（冬天 7.5 克，夏天 9 克），水 300 克（一般饧面在 3 小时左右）。

　　制作要点：中间刷一层油，抻拉一定要均匀，下锅后油一定要滚开。

油条又称馃子，是一种古老的汉族面食，是呈长条形中空的油炸食品。油条口感松脆有韧劲，是中国传统早点之一。

健康的油条应采用新型油条粉，代替传统盐碱矾的无铝（矾）油条，可采用一定比例的小麦粉、鸡蛋、植物油为配方。炸好的油条外酥里嫩，膨松良好，大小均匀，有自然油脂的香味，没有其他异味。

一些不良商贩以次充好，使用垃圾油炸制油条，还有个别黑心商贩在面粉里加入少量的洗衣粉，使炸出来的油条更加金黄酥脆，体大饱满，外观卖相更诱人。这些油条会对我们的健康构成危害，所以同学们要有所警觉，不贪图便宜，不购买无良商家制作的油条。

第三章

惊蛰

公历每年
3月5日至7日

———

太阳到达黄经345°时
为惊蛰

惊虫似虎　病菌横孳
危机伏起　伤身损体
灭疾控病　预防为系
过了惊蛰节　春耕不能歇

惊蛰，是雷声惊醒、惊动生命的意思。在我国，特别是北方，惊蛰过后，天气变化大，也会出现雷声。但是，这个节气的前后，也正处在农历的二月份，我国有"二八月，乱穿衣"之说。"二八月"指的是农历二月、八月，说明这两个月份的气温变化无常，忽冷忽热，所以人们穿衣很乱，各种冬装、春秋装，频频相交登场。人们对温度的感觉都不一样，怕冷的就多穿点，不怕冷的就少穿点，追赶"时髦"的就穿得更少，但老年人和幼小的孩子还是穿着冬装，所以这个节气的街头，就是服装的博览会。在环境上，北方大部分的土地开始松动，人们完全进入春耕。我国的东北地区，还仍然处在天寒地冻的情况下，但是也不会影响人们的出行和进行农耕的准备。

第一节　节气课

一、健康老师有话说

　　适当增加肉类、豆制品、水生类食物： 在饮食方面，这个时节，我国南方人的餐饮结构是以时令的农作物为主。无论是过去还是现在，南方的人们在惊蛰过后，生活都开始走向一年中好的时候。而在过去的北方，人们的主粮已经耗尽，餐桌上主要是稀饭和刚出芽的野菜及干菜、咸菜。现在的北方市场，食物丰富多样，应有尽有，但是我们还是应该多选择时令性的食材，比如春笋、小菠菜、蒜黄、韭黄、绿豆芽、黄豆芽等。这种选择对我们的身体有好处。

　　惊蛰节气的日常食物应多选新鲜的蔬菜、水果、谷物及肉类和豆制品等含蛋白质丰富的食物，也可以选择一些水生类食物。如春笋、茄子、菠菜、芹菜、青蒜、芝麻、蜂蜜、乳品、豆腐、鱼、禽类肉、柚子、梨、枇杷、罗汉果、橄榄、甘蔗、五谷杂粮、芝麻、核桃、莲子、银耳等，以提高人体的免疫功能。

惊蛰养生粥

山药粥。

注意卫生，室内通风，预防传染性疾病的传播：惊蛰是风季的最后一个节气，此时的风邪最为猖狂，它会带各种病菌到处肆虐，稍不注意，病菌就会侵入人体，所以这时正是流行病的多发期，如流行性感冒、流行性出血热、流行性脑膜炎等。因此，在这个时节，人们要注意卫生，室内适当、适时地通风。体弱的群体、老年群体及幼小的孩子要少去人多密集的场所，预防传染性疾病的传播。这个时节往往是"一人得病传全家"，所以要时刻防范。这个时节也是心脑血管疾病造成的死亡高发期，所以有高血压、心脑血管疾病的人要多加注意。

二、地理老师有话说

一声春雷叫醒了整个大地，惊醒了所有冬眠的动物：古代传说雷电在秋天的时候藏入泥土中，进入春耕时节，农民伯伯一锄地，雷电就会破土而出，于是一声惊雷叫醒了整个大地，惊醒了所有冬眠的动物，所以这个时期叫作"惊蛰"。

现代气象科学表明，惊蛰前后之所以偶有打雷，是因为大地的温度逐渐升高而促使地面热气上升，或北上的湿热空气势力增强且活动频繁所致。

三、生物老师有话说

动物多病和易发生死亡的时候：惊蛰节气过后，无论什么样的冬眠动物，都会苏醒过来，结束冬眠，开始寻找食物。野生动物体瘦、虚弱，又要开始怀胎、生育后代。所以，这个节气也是动物多病和易发生死亡的时候。家畜也是一样，这个时节发病率也是很高的，南方的禽流感、北方的猪流感都进入高发期，对环境、其他动物、人类的危害是很大的。如我国发生的历次严重的禽流感、猪流感，甚至是严重呼吸综合征（"非典"），都发生在这个时节，在这个时节里，人们应该随时警觉。

在植物方面，北方在这个时节，人们也只是做平整土地、维修农具的工作，大部分地区还不能播种。而在我国的南方地区，已经是一片繁忙的景象，大部分农作物都可以播种了，时令蔬菜更是开始丰富起来。即使是在过去，人们也已经摆脱了青黄不接，进入正常生活状态。在北方，朝阳的比较温暖的地方，野生的植物逐渐开始生长起来。因为大部分的野生植物的生命力都要比人工种植的农作物强很多，所以生长时间要早于人工种植的农作物。在过去，北方人此时开始采集野生的植物来充实餐桌。

在我国惊蛰过后，土地松动，各类虫子开始复苏。过去，在这个时节，人们有一项很重要的工作，就是去地里挖"地老虎"，又叫土蚕、切根虫等，属鳞翅目，夜蛾科，是危害我国农作物的主要害虫，目前我国有170多种，常见的有20多种，对植物危害极大，几乎危害着我国从南到北、从东到西的所有植物种类。消除"地老虎"，过去是用人工捕捉的方式，现在是用农药毒杀的方式，这也是造成农作物农药残留的主要原因。因此，我们要想吃上无公害的绿色食品，就必须采取人工的方式清除"地老虎"。

除了人工挖"地老虎"，我国现在也可以用"地老虎"的天敌来对付它，如蜘蛛、细菌、真菌等。现在国内外"地老虎"的天敌有120多种，在我国已知的有30种左右。在北京地区，除了"地老虎"，还有尺蠖（也叫"吊死鬼"）和"羊刺子"。尺蠖主要生长在槐树上，是一种虫子，人们在树下行走时，往往会掉到身上。"羊刺子"主要生长在枣树、榆树、柳树上。"羊刺子"的毛对人体的伤害很大，使人疼、痒难忍。"地老虎"、尺蠖、"羊刺子"是北京地区最常见的三大虫子。

动物是自然生物链中关键的一环。动物的多与少，决定着秋收的成果。比如蛇类、猫头鹰减少，鼠类就会增多，鼠害就会增大，秋后粮食就会减少，患病的人也会增多。因此，保护生态平衡很重要。

第二节　劳动课

到了惊蛰节气，高中的学生可以干些畜牧上的工作。在农村，猪对于农民非常重要，因为猪粪是最好的肥料。养猪也分集体养和家庭养。集体养的猪出肥多，适合大面积的农田用肥。家庭养的猪的粪，主要是给自己家里的"自留地"里上肥。过去的自留地主要是种蔬菜，供给自家人吃，集体种的蔬菜提供给城市里的人吃，换回来的钱用于生产建设。家庭养猪一是为了自家人过年食用，二是卖掉换些钱，用于家庭日常吃穿、孩子上学等开销。

喂猪是很辛苦的活。先把菜切碎下锅煮熟，加入米糠或豆饼，晾到合适的温度，用大桶挑到猪圈喂猪。猪是不吃草的，因此，有"猪怕柴火，马怕土"的俗语。喂猪的时候要把菜里的草摘干净，如果有草，猪吃了会生病。

惊蛰谚语

惊蛰一犁土，
春分地气通。
惊蛰不耙地，
好比蒸馍走了气。

猪食

喂猪

第三节　营养课

● 豆沙酥盒子

原料：

1. 水油皮料：面粉 500 克，大油 125 克，清水 250 克。

2. 心料：大油 250 克，豆沙 250 克（一般用枣泥或肉馅，豆沙容易跑馅）。

制作： 面和好后饧 10 分钟即可，将面开好酥后搓条下剂，用两个手指按一下，擀成圆皮把豆沙馅放在中间，再用另一个圆皮擦上形成中间鼓些，然后四周捏成花边（像家里包的馅盒子一样）。下锅炸时要用温油。

豆沙酥盒子口感酥脆，馅料甜香，很有诱惑力。但它的操作过程要经过油炸，面粉中加入了一定量的猪油（大油），豆沙中也含有不少的糖，是名副其实的高油、高糖、高热量食品，所以每次都不要多吃，或可以搭配一些低热量食物一起吃，如与新鲜的蔬菜水果和粗粮薯类食物一起吃，就可降低或减弱油炸食品的不利因素。

第四章

春分

公历每年
3 月 21 日前后

———

太阳到达黄经起点 0°
为春分点，即春分

春分两气　冷热交替
缺阳少阴　危损身体
保温御寒　切忌更衣
吃了春分饭　一天长一线

春分是春季 90 天的中分点，所以称为"春分"。

从春分起，我们告别风季进入暖季。这是个比较理想的时节，春暖花开，阳光和煦，万物都欣欣向荣，是户外踏青的大好时节。春分过后，我国除了东北地区，其他区域的植物均已呈绿色，或已泛绿。由于春分这个时节的气温明显升高，而且升温也快，各科植物的生长也很快，返青的冬小麦生长更是进入"分蘖"状态。可是，北方的气温变化仍很大，春分出现"倒春寒"的概率也很高。因此，春分时的春寒会导致冬小麦死亡，或影响"分蘖"，使小麦减产，对其他农作物的种植危害也很大。

到了 20 世纪 70～90 年代，在我国的广大地区开始使用"地膜"技术，也就是在春分到来之后，天气还比较冷的地区，在种上农作物后，会在上面盖上塑料膜，加以保温。如果出现极端天气（冷），就在塑料膜上再加盖一层草帘子。因此，在这个时期，我国的广大地区，不分东南西北，均已解决了蔬菜青黄不接的状况。但是，这个时期的蔬菜品种还是相对比较少，南方的蔬菜品种比北方要多，而北方主要是以韭菜、菠菜、小油菜、小葱等生长比较矮的蔬菜植物为主。20 世纪 90 年代以后，随着我国经济水平的提高，科技水平的高速发展，我国的广大地区普遍采用了蔬菜大棚、室内种植技术。到现在，我国在全国范围内，蔬菜、水果已经完全没有了一年四季之分，而是多品种、长年多次生长，从而满足了人们的需求。

第一节 节气课

一、健康老师有话说

饮食开始发生质的变化，多选择富含维生素和矿物质的食物： 进入春分以后，人们的饮食开始发生质的变化。过去，在南方，越来越多的青菜品种上了餐桌；北方的人们也可以时常吃上一些嫩芽、嫩苗类食物，如柳芽。吃柳芽时，把它洗净后用开水焯，再过凉水，可以放上葱末、黄酱、香油等调料拌着吃，也可以放酱油、醋、香油，想吃辣的还可以放辣椒或辣椒酱。总之，凉拌的吃法有很多，根据自己的口味和条件，能拌出很多种味道，柳芽也可以蒸玉米面菜团子。除此以外还有榆钱，可把榆树上的榆钱摘下来，也可以摘嫩的榆树叶与玉米面放在一起，放上适量的盐，拌好后放笼屉上蒸，蒸熟后有条件的可以浇汁吃，浇的汁可以根据条件自己调制。除此以外，还有一些其他的小野菜苗可供食用。

春分时节应多选择富含维生素和矿物质的食物，尤其是富含优质蛋白的食材。由于人体内的蛋白质分解加速，营养构成应以高热量为主，所以鱼、肉、豆、蛋、奶不能少。此外，小白菜、油菜、柿子椒、胡萝卜、莴笋、菌类、藻类、菜花、西

红柿、香蕉、梨等这些富含维生素 C 和钾的蔬菜水果每天来一份，可以增强机体的抗病能力。

春分时节养生粥

桂圆肉、莲子、大枣、枸杞、粳米。

春分的民俗饮食

菜团子。

过去，在老北京，春分是青黄不接的时候，没有蔬菜，所以人们会在家发绿豆芽，在盘子里种青蒜，吃储存的干菜，用干菜做成菜团子。

身体相对虚弱，阴阳容易失调：春分是暖季的第一个节气，气温还不稳定，正是冷热交替，冷一阵、热一阵的时候，这时人体内的阴阳之气也因为天气的变化而上下浮动。体质虚弱又欠缺保养的朋友很容易出现阴阳失调的情况。所谓阴阳失调，轻一些的时候表现为亚健康，发展到一定程度就成了疾病。

　　春分时节，特别是在我国的北方地区，天气变化极不稳定，冷热不定、细菌、病毒繁殖的速度增快。人们刚从冬季寒冷的环境中走出来，身体还不太适应春分这种忽冷忽热的气候，人们的身体也相对虚弱，阴阳也容易失调。因此，人们在春分时节是很容易生病的，而且生病后还不容易好，容易反复发作。所以，在春分这个时节，人们更应该注意养生，在饮食方面，既要补又要预防上火。因此，在这个时节应该适当摄入鱼肉、瘦肉、蛋、奶等，多摄入蔬菜水果，特别是绿叶类的蔬菜，尽可能地多摄入富含维生素 C 的蔬菜和水果。除此以外，在春分这个时节，北方的人们还应该注意适时、适量地补充饮水。

二、 地理老师有话说

　　开始走向温暖的第一个节气： 在气候上，春分是我国结束冬季，进入春季，开始走向温暖的第一个节气。我国各地区的地理位置不同，温度也不相同。南方气温普遍较高，很适合农作物的种植和生长。在我国的中原、华北地区，温度还比较低。这段时间也是北京老百姓比较难熬的时候，供暖刚刚结束，气温变化还很大，昼夜温差也比较大，在室内往往会感到阴冷难受。而在我国的东北地区，春分时节还没有完全摆脱冬天的寒冷，还处在冰封的环境中。这就是在我国广大的国土上存在的气候差距。

三、 生物老师有话说

　　生龙活虎： 春分时节后，各种动物开始进入交配期，特别是我国的广大牧区，到了春分以后，牛、羊、马等牲畜开始"生龙活虎"，牧民更是开始忙碌起来。

我们都知道，在我国阳历的 3 月中旬，也就是春分前后，正是种植树木的时候。因此，我国的植树节也就定在阳历 3 月 12 日。那么你知道在自己家的庭院内应该种什么树，不应该种什么树吗？

在我国，特别是在北京地区，民间有"桑、枣、杜、梨、槐，不入阴阳宅"之说。

桑：桑的谐音是丧，丧是最大的不吉利。

枣：枣的谐音是早，表示食物早早地吃尽，寿命早早地终结，东西早早地用尽。

杜：杜为绝、断，表示家人"绝后"断代，不生儿育女。

梨：梨的谐音是离，表示分离，离开，离婚，生离死别。

槐："槐"字中有"鬼"，故古人也认为不吉利。

所以，依民俗观点，以上五种树木是不能种在自家庭院和墓地的，要种只能种在庭院的墙外或墓地外面。

那么，自己家的庭院应该种植什么树呢？可以种植如桃树、石榴树、苹果树、柿子树等。

桃树：桃表示寿桃，寓意着家人长寿。古时桃木用于辟邪，在我国的广大地区，有着悠久的历史，而且还有很多的故事。

石榴树：石榴多籽，代表着一家人的多子、多福、多寿，有着美好的寓意。

苹果树：苹果代表着一家人的平平安安，是保佑吉祥的意思。

柿子树：柿谐音事，代表着家里事事顺利，事事平安。

因此，在我国，自家庭院里种植东西是很有讲究的，不能随意乱种，而且还要根据自己家的环境来种植。

第二节　劳动课

到了春分节气，过去的北方地区正是放马的时候。马经过一个冬天，到了要运动的时节。过去主要是在树林子里放马。因为树底下会有秋冬掉下的落叶，而土地因为有落叶的覆着比较暖和，所以会长出小嫩草，正适合马来食用。

那个时候的孩子有个主要任务就是跟在马的后面，在马经过的树干处找马尾鬃。因为马在走动的过程中会不断地摇摆尾巴，当马的尾巴甩到树干上，粗糙的树皮就会把马尾鬃刮下来挂到树干上，学生们可以去寻找并摘下来。马尾鬃最大的用处是做小提琴、二胡等弓子上的弦，是最天然、最好的琴弦。在从树上往下摘马尾时，不能揪，要慢慢去摘，不能把马尾鬃弄断。

春分谚语

春分降雪春播寒，
春分有雨是丰年。
春分有雨家家忙，
先种瓜豆后插秧。
春分至，把树接；
园树佬，没空歇。

摘马尾

033

以马尾作弦的乐器

第三节　营养课

炸排叉

　　原料：面粉（标准粉）500克兑苏打 7.5 ～ 10 克，盐 17.5 克，油 25 克，水 225 克（水和面起脆的作用，用鸡蛋和面能起酥的作用）。

　　制作：

　　1. 排叉的制作：将面和好擀成薄片，切成长方形，大约有 1.5 寸长、1 寸宽，切三刀也就是中间那刀长些。做法跟普通排叉一样，两片摞在一起翻过来即可。还有葫芦形排叉，一般是两片摞在一起，用葫芦模子刻，如没有模子也可用刀割成葫芦形。两片摞在一起翻过来即可，炸时特别注意外形。还有燕尾形，用同样面擀好，叠成窄条，对角切。两层摞一起，中间切三刀一翻，尾巴必须切一个三角形的面片下来。

2. 油炸：一般耗油量为 175～200 克，油温在 230～250℃即可。

营养评说

炸排叉是我国传统面食小吃，也是老北京特色美食。简单易做的排叉，既是孩子们解馋的零食，又可以给家人佐餐下酒。在过去的计划经济年代，粮油肉蛋都要限量供应，人们肚内缺少油水，普遍热量不足、营养不良，能吃点油脂高的食物对身体是有益的。但随着人们生活水平的提高，物质生活的极大丰富，油盐摄入已普遍超标，为了健康我们就必须自律，尽量少吃油炸食品。

第五章

清明

公历每年
4 月 5 日前后

———

太阳到达黄经 15° 时
为清明

清明祭祖　前人难忘
厚德载物　教识育人
发扬光大　勿忘国耻
清明前后　种瓜点豆

清明就是给人以清新明朗的感觉，是暖季的第二个节气。

清明过后，天气更加暖和了。我国除东北与西北地区外，大部分地区日平均气温已升至12℃。清明时节雨纷纷，此时雨量增多，花草树木开始出现新生的嫩绿叶子。民谚说"清明前后，种瓜点豆""植树造林，莫过清明"。这大好的春日时光，正是农民伯伯忙碌的日子，也是旅游踏青的最好时光。

清明节也叫踏青节。在我国到了清明前后，广大的原野是一片绿色的景象。各种植物嫩绿可爱，河水荡漾，草丛里的野鸡、山坡上的野鸭、草原上的牛马羊群，在蓝天白云之下、绿草之上，都显示着人间美好的绚丽，所以清明前后也是人们出行的时候。在古代，清明节是一年当中四大节日放假时间最长的一个节日，外埠人在异地为官者，清明时节可享受官假回乡祭祖。根据官员回家路程的远近，放假从几天到几十天不等，外埠人在异地回乡祭祖、祭奠亲人的同时，也可出游踏青，更是寒冬过后享受春光、亲近大自然的首次出行。到现在，我们清明也有小长假。到了清代，朝廷给外埠在京城为官的人划地建筑会馆和修建墓地，他们可以就近安葬过世的亲人，也不用再回乡扫墓、祭奠了。当时比较有规模的墓地有牛街一带的湖南坟地、湖北坟地等。

第一节　节气课

一、健康老师有话说

吃温性的食物：清明节在我国又称为"寒食节"，这只是人们的一种习惯叫法。实际上，清明节和寒食节是两个不同的节日。最早，寒食节在清明节之后的一两天，后来改在清明节前的一两天，到了现在，人们把清明节和寒食节合并在一起过了。

寒食节起源于一个历史故事，是为了纪念春秋战国时期的名臣——介子推而设。传说晋文公落难时没有食物吃，介子推割下自己的肉给晋文公充饥，当晋文公得势即位后，为报答介子推，请介子推出山为官，介子推不从，隐居在绵山深处。晋文公找不到他，于是下令放火烧山，想把介子推逼出来，谁知却将介子推母子二人烧死了。晋文公痛彻心扉，于是下令将这一天定为禁火日。从此，每年的这一天人们只能吃凉食，后来被称为寒食，逐渐形成了一个节日——寒食节。所以，今天的寒食节与到了清明时节就可以吃凉性、寒性的食物没有关系。

饮食上，人们往往误认为到了寒食节就可以食用寒性的食物了，这是错误的。因为人们到了清明时期，刚刚结束了寒冬，身体刚进入到阳气升发的阶段。此时人们应该适量地吃些温性的食物，如羊肉、鸡肉、豆制品、牛奶及奶制品等，这样有利于身体阳气的升发。

养生要以降压减脂为主：清明时节的日常饮食养生要以降压减脂为主，可以多吃些时令蔬菜、水果，如小白菜、苋菜、苦苣、地瓜、芋头、萝卜、莲藕、黑木耳、黄瓜、荠菜、山药、菠菜、樱桃、桑椹、杨梅等，尤其是小白菜、苦苣、苋菜，每天来一份，祛火，降压，减脂。

清明时节养生粥

黑米、黑芝麻、黑枣、薏苡仁、红小豆、杏仁配以粳米。

清明的民俗饮食

打卤面。

预防花粉、昆虫过敏：清明对于健康有着重要的意义，因为此时正处于春夏交替之时，冷暖空气交替相遇之际，时热时冷，细雨纷纷，湿气较重，人体容易感受湿邪，尤其是老人家，易出现关节疼痛等病症。清明也是繁花盛开、树木葱绿之际，是花粉、昆虫引发过敏的高峰期。另外，人体内的肝气在春季日渐旺盛，在清明之际达到最高峰，此时不宜进补，否则便是火上浇油。患有高血压的人群要格外注意，尤其是老人，容易出现头痛、眩晕一类的症状。

既要保障体内阳气的升发，又要使身体的内火下降：人们在冬春季节容易出现皮肤干燥、手脚干裂等症状，也说明了冬春季的干燥对人们身体的影响很大。古诗云"清明时节雨纷纷"，说明清明时节多为阴雨潮湿的天气，人们的身体在这个时期很容易受到潮湿之气的侵蚀。人们在经过冬春季的干燥环境后，不只是外表受到影响，身体内部的脏器也会受到伤害，如肝火旺盛、肺火上升等，所以清明时节身体调养的难度是比较大的，既要保障体内阳气的升发，又要使身体的内火下降，两者必须兼顾。因此，在保障阳气升发的同时，还要吃些降火的食物，如苦苣、苦菜、莲藕、小白菜等，使人们的肝火、肺火下降，身体达到阴阳平衡。

二、地理老师有话说

清明前后冷十天：清明时节，在我国南方已经是由温暖向热的天气发展了，而在广大的北方，特别是在北京附近，天气虽然已经进入暖季，但民间有"清明前后冷十天"的说法，所以在北方清明时节有时还是会冷的，特别是在阴雨天气里，阴冷现象还是有可能出现的。正常年景，到了清明时节，特别是清明的当天或者是前后的一两天，我国的大部分地区会出现阴雨天气，气温也相对会降低一些。但是，一旦过了清明，我国不分南北，气温都会持续走高，而且是越来越高。

到了清明，我国的全部地区都已经结束了寒冷的天气，进入到暖季气候。很多地区结束了冬春的干燥，空气开始慢慢地向潮湿转变，有的地区会感觉到气压变低，阴雨天气会增多。

三、生物老师有话说

保护生物链：清明过后，无论是家禽、家畜，还是野生动物，都进入生长、繁殖的阶段。因此，我们应该注重对生物链的保护。到了清明，就意味着庄稼进入播种、生长的时期，特别是北方的冬小麦已经进入到快速的生长期，追肥、浇水、松土、拔苗的好坏，决定了冬小麦是否丰收。在过去，冬小麦是第一种解决青黄不接时期人们主食的粮食，它的收成意义重大。在南方，早稻也已经进入到生长的中后期，根据地区的不同，水稻分为一年两季和一年三季。水稻是我国南方最大的粮食作物，也是我国最主要的粮食来源。

小知识

我国的殡葬从古到今大体上分为四种类型：

1. 土葬：广大的汉族人和主要以食用农作物为主的群体，赖以生存的食物来源于土里种植的作物，所以这类人去世后多为土葬。

2. 水葬：渔民和以水上工作为生的人，去世后多为水葬。

3. 天葬：牧民和猎户，以食肉为主，这类人去世后多为天葬。

4. 火葬：佛教僧人圆寂后多为火葬。

日常生活中，很多人在外出之前，特别是岁数大些的人会说"我出去万一有个三长两短"如何，甚至有的家里人也会说"你出门在外，千万别有个三长两短的"。其实民间认为，这些话都是不吉利的，是不应该说的。那么，在这里说的"三长两短"指的是什么呢？告诉大家，"三长两短"指的是棺材。大家会问，棺材是"四长两短"，怎么能说成是"三长两短"呢？在我们国家几千年的封建社会里，不同的地区、不同的社会群体、不同的等级，有不同的殡葬风俗、习惯和规矩。在我国，大体分为①皇帝——一继位就开始修建陵墓，为以后的驾崩做准备；②有的地区在火葬推行以前，人只要一出生就打造棺材，以备百年之后使用；③在我国的西北，有的地区是小两口一结婚就先打造两口棺材，以备自己百年以后使用；④有的地区是人活到50岁（虚岁半百）就开始打造棺材，以备百年之后使用。无论是什么时候打造的棺材，都一律是把棺材盖单放着，决不能盖在空棺材上。如果把棺材盖盖在棺材上，就意味着本人已经死了，所以我们有"盖棺定论"的说法。因此，棺材在没有安葬尸体时，主体和盖子是分开放的，所以才会有"三长两短"之说。"三长"指的是棺材的两个侧面和底面，"两短"指的是棺材的前后两个"堵头"。可见很多时候人们在外出时说"三长两短"，实在是欠妥。

我国土葬用的棺材也是很有讲究的，除了用木板（板材），还有用圆木的，最讲究的是"沙木十三圆"：左、右、底三面各3根，盖为4根。钉棺材用的钉子，也不能用我们常用的带帽的钉子，必须用枣核钉，表示棺材不能钉死，过世的人好升天。

总之，民间传统是"吃什么，还什么"。吃的是土里长的，去世后就得埋在土里；吃的是水里的食物或依赖水为生存的，去世后就得水葬；以食肉为生的，去世后就得天葬（喂动物）。当然，我们现在为了节省有限的土地资源和追求环保，提倡和推行火葬。

第二节　劳动课

到了清明节气，在北方向阳的地方，特别是向阳的斜坡上会长出小草和野菜。这些小草、野菜虽然很小，但也是当时人们最喜欢的食物，因为在青黄不接的年代总算是有吃的了。有的地方还会长出小苜蓿。苜蓿分种植的和野生的，在那个年代是喂牛马的最后的饲料，小苜蓿也是人们最好的食材。

学生可以把能食用的、安全的野菜或小苜蓿采回来制成青团。过去真正的青团就是由野菜和面制成的，是当时粮食匮乏，在没有办法的情况下，作为清明扫墓祭祖的贡品。

挖野菜

做青团

劳动评说

"野百合也有春天"，看似不起眼的野菜其实也有名字，小苜蓿就是一种常见的野菜。它是豆科植物，不仅可以当菜吃，还有一定的药用价值。田野里有很多"无名杂草"其实都是常用的中草药，大家可以在身边探索一下。

第三节　营养课

● 青团

最传统的青团制作是把采摘回来的野菜择干净、洗干净，用开水烫过后切碎，放上面粉。那个时候家里有什么面粉就放什么面粉，主要有小麦粉、荞麦粉、玉米面、高粱面、白薯面等，什么都可以当作制作青团的食材。

把面粉和野菜混合好揉成团，放入开锅后的笼屉上直接蒸就可以了，因为面少菜多，所以很容易熟。

那时，有的家庭祭过祖后，舍不得把青团放在墓地，会拿回来食用。

营养评说

青团是江南地区的传统特色小吃，是江南人家在清明节吃的一道传统点心。据考证，青团约有千年的历史，每逢清明时节，几乎家家都要蒸青团。有用青艾汁，也有用其他绿叶蔬菜汁，与糯米一起蒸熟捣制成面团。用大小合适的面团包上豆沙馅就可以食用了。古时候人们做青团主要用作祭祀。虽然青团流传已久，外形一直没有变化，但它作为祭祀品的功能已日趋淡化，成了当今时令性很强的春游美食小吃。

做青团取用的艾草有平喘、利胆、消火、抗菌、祛寒、除湿等功效，而小麦草的汁则有去油解腻、消食降火的功效和作用。

第六章

谷雨

公历每年
4月20日前后

——

太阳到达黄经30°时
为谷雨

谷雨时节　栽瓜种豆
误时必减　得天即厚
更陈补新　代谢康身
清明后　小满迟
谷雨种花正当时

谷雨前后，天气变暖，我国除了青藏高原和黑龙江最北部气温较低外，大部分地区的气温已在 15℃以上。在这暖季的第三个节气里，天气越发暖和，而且已经开始透出热的感觉了。

　　到了谷雨时节，人们户外活动量会增大，所以应该及时地调整自己的饮食。特别是体力劳动者和运动量大的人，应该多摄入一些粮谷类的食物和肉、蛋类的食物，以增加自身的能量，保证自己的体力。到了谷雨时节，在过去，南方可以吃到多种青菜，而北方的青菜种类还是很有限的。可是现在不同了，一年四季，南北方的人都是一样的，菜篮子是丰富的。所以，人们在谷雨时节，还应该适量食用瓜类、海鲜类、祛火排湿类的食物等。

第一节 节气课

一、健康老师有话说

保持机体的正常生理功能： 受春季季风的影响，谷雨节气后降雨增多，空气中的湿度逐渐加大，人体感受湿邪更甚，易引发肌肉酸痛及神经痛，要针对气候特点有选择地进行调养，以保持机体的正常生理功能。部分人群的脾胃功能会逐渐变好，食欲大开。在日常生活中，多吃一些祛湿利水的食物，如白扁豆、薏苡仁、冬瓜、红小豆、荷叶、山药、陈皮、白萝卜、莲藕、海带、竹笋、鲫鱼、豆芽等。

多饮水，保证睡眠质量： 到了谷雨时节，人体的新陈代谢会不断地加快。所以，人们应该适当地增加运动量，更应该适当、适量地出出汗，还要适量地补充水分，更好地促进新陈代谢。到了谷雨时节，人们白天的活动增多，夜里要更好地休息。因此，保证睡眠的质量是很重要的，特别是在生长发育中的未成年人。

谷雨时节养生粥

生姜、糯米、砂仁、粳米。

谷雨时节养生茶

枸杞子、怀菊花、玫瑰花、菊花泡茶饮。

谷雨的民俗饮食

红馅梅花酥（红小豆馅）。

在过去，谷雨时节的北京正处于青黄不接的后期，人们主要吃储存的干菜，如黄花、木耳、海带等。

二、地理老师有话说

动物、植物和人生长的最佳时机：在我国，到了谷雨时节，白天与夜间的时长相比越来越长，无论南北，气温都在快速升高。南方实际已经进入雨季。在北方，正常的年景里，雨水也快速增多，空气逐渐潮湿，气压也开始走低。无论是南方还是北方，到了谷雨时节，环境都显得很有生机，是人类、动物、植物生长的最佳时机。

三、生物老师有话说

促进新陈代谢、生长发育最好的时期：谷雨时节，室外温度适中，阳光既充沛又不过于强烈，人类和其他动物在室外和大自然中的时间最长，因此，是促进新陈代谢、生长发育最好的时期。

谷雨时节也是种植农作物最理想的时候，所以民间有"谷雨前后，栽瓜种（点）豆"的说法。特别是在我们的北方地区更是如此，谷雨时节是种植农作物最忙的时候。"一年之计在于春"，实际上指的是春天农作物的种植情况。几十年前，我国的广大农民到了谷雨前后，都在紧张地给农田施肥、播种。在播种上也很有"讲究"，那时人们是把所种的种子拌上灶灰（草木灰），撒种在农田里。这样做是为了防止地里的虫子把刚撒的种子吃掉。灶灰（草木灰）也是最好、最绿色的含钾元素的肥料。现在的人们已经很少用柴火灶做饭了，所以农民在播种时，已经不会用灶灰（草木灰）了，而是把种子放在农药里浸泡后再播种，用农药来防止虫子吃掉种子。可以说，我们现在的很多植物性食材，在没"出生"之前就已经受到农药的污染了。因此，绿色无公害食品的真正回归，还需要相当长的时间。

小知识

在我国有"三月茵陈四月蒿，五月砍了当柴烧"的说法。这里说的月份指的是农历的月份。就是说到了农历的三月，在北方地区，人们可以采集茵陈了。茵陈是一味中草药，中医用来治疗风湿、寒热、邪气、黄疸，也有抗衰老的作用。茵陈也是比较早的用来配制汤药的一味中药材。中国的汤药早在夏末商初就有了，是伊尹发明了汤药，其著有《汤液经法》，也叫《伊尹汤液经》。南方采集茵陈的时间要比北方提前一个月，也就是在农历的二月份。"三月茵陈四月蒿"也说明在这个时节气温升高得很快，植物的生长也就更快。

蒿子的采收分为三个阶段：

第一个阶段，在北方的农历三月里，采集的蒿子叫茵陈，晒干了作为中药，治疗疾病用。

第二个阶段，在北方的农历四月份，这时采集的蒿子主要用于熏蚊虫。把采集回来的蒿子拧成绳子，晒干，点燃后熏蚊虫用。

第三个阶段，在北方的农历五月份以后，采回来的蒿子只能当柴烧。

蒿子有很好的寓意，常用来指做人、做事。看人能不能成才，往往会说"看他们家的祖坟上有没有那棵蒿子"。另外，蒿子也有教育人们从善积德之意。

第二节　劳动课

在北方，到了谷雨节气也就到了栽瓜种豆的时候了。特别是在华北的京津冀地区，过去，大豆是主要的农作物之一，也是人们最主要的副食品。人们在年前的秋季种小麦时，在人多地少的地方，会在播麦种时，行与行的距离留的比较宽，就是为了给第二年种大豆留出播种的地方。因此，到了谷雨节气，人们会在小麦苗的行距间用锄头把地锄开，施上少量的有机肥，再把大豆种子撒进去、浇上水，浇水也叫灌溉。大豆发芽快、出苗快、长得更快。它会和小麦在同一个时间段成熟。收麦子的同时，也就把大豆收回来了。

谷雨谚语

棉花种在谷雨前，
开得利索苗儿全。
清明高粱接种谷，
谷雨棉花再种薯。

小麦地里种大豆

在小麦地里种大豆还有更大的好处：不用给小麦施肥或少施肥，这是因为大豆秧的根就是最好的肥料，也叫作"根瘤菌"。

高中学生可以在小麦田里种大豆，也比较容易，劳作的同时还能学到化学、生物知识。

劳动评说

　　劳动人民的智慧是无穷的，在小麦中间插种大豆叫作间行种植，简称间作，可提高土地利用率，由间作形成的作物复合群体可增加对阳光的截取与吸收，减少光能的浪费；同时，两种作物间作还可产生互补作用，如豆科与禾本科间作有利于补充土壤氮元素的消耗等。希望同学们也能用自身所学解决生活中的实际问题。

第三节　营养课

烫面炸糕

原料： 普通面粉500克，兑水750～850克。矾0.01克，植物油25克。加一点面肥，面肥里加点苏打。白糖、果料（切碎）、熟芝麻。

制作： 凉水中加入25克油，0.01克矾，把水烧开，倒入面粉搅拌，必须烫熟，直到烫面全都搅在擀面杖上就差不多了。然后把烫面放到案板上散开晾凉，揪一小块面肥加上一点苏打（或碱）调好，揉在烫面里即可揪剂，包馅。包好后即可炸制，油温180℃。

> **营养评说**
>
> 烫面炸糕是老北京传统小吃。烫面炸糕与天津耳朵眼炸糕有很大的不同，耳朵眼炸糕用的是糯米面，而烫面炸糕使用的是小麦面，操作工艺也有很大不同。
>
> 烫面炸糕色泽金黄，表皮微脆，质地软嫩，味道香甜，深受广大群众的喜爱，因用料相对简单，操作也不复杂，一般家庭也有模仿制作。
>
> 同学们初学乍练，要掌握好油温，做好必要的防护，避免被热油烫伤。

第七章

立夏

公历每年
5月5日至7日

——

太阳到达黄经45°时
为立夏

夏人无神　修体调眠
食材集聚　择适利己
日炎夜热　寝食难安
立夏不热　五谷不结

立夏是暖季的最后一个节气，这时，天气已经不再只是暖和了，炎热的脚步逼近了。按现代气候学的解释，连续 5 天平均气温高于 22℃始为夏季。

立夏是在五月初，也是夏季的第一个节气。

到了立夏节气就意味着开始进入夏天了，但是在广大的北方地区，实际上还没有真正地进入夏季。天气还不是太热，人们还不会感觉到燥热或闷热。但是在广大南方地区，到了立夏确实已经进入了夏季。气温会比较高，空气的湿度也很大，洗的衣物也不容易干。

暑为阳邪，能消耗人体的能量，接下来的暑季就意味着能量的消耗，所以要抓紧时间储备能量以应对酷夏。暑热渐渐增多，很多人常会出现身体不适，或消瘦，或食欲缺乏，或睡眠不佳，整日昏昏欲睡、气虚神倦乏力等，有人一动就大汗淋漓、气喘吁吁，有人在室外待久了就容易中暑、昏厥。故需注意防暑降温。

第一节　节气课

一、健康老师有话说

宜清淡补养： 立夏以后，人们应该多摄入具有排湿解热功效的食物，如薏米、姜、山药、藕、萝卜、红小豆、绿豆等。另外，立夏后，人们的饭量会减少，所以应该多补充一些营养含量高的食物，如禽类、蛋类、奶制品、鱼类。过去，在北方地区，此时韭菜、菠菜、小油菜开始上市，人们开始摄取青菜，用青菜制作各种美食，缓解由于缺乏青菜带来的不适。

立夏时节养生粥

　　人参、白术、茯苓、炙甘草、大米。

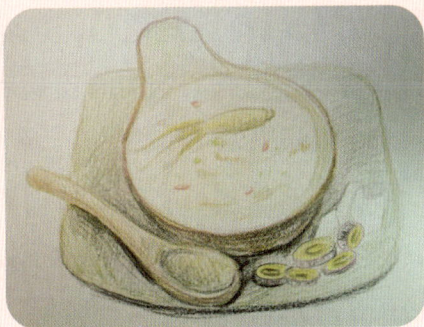

立夏时节养生茶

　　以绿茶为主，老人和儿童宜适量饮用淡茶。

立夏的民俗饮食

打糊饼。

注意休息和睡眠： 到了立夏，人们的休息时间相对减少，睡眠的时间也短了。一是因为昼长夜短，二是因为天热，人们难以舒适地休息和睡眠。因此，到了立夏以后，人们更应该注意休息和睡眠，有条件的应该适当增加午睡时间，以弥补夜间睡眠的不足。进入夏季，空气湿度增大，会影响人体排汗，湿气还会侵入人体，也是人们患骨关节疾病的原因之一。立夏以后，人们还会感觉到呼吸不适，烦闷，特别是患有心脑血管疾病和呼吸道疾病的人，更应该多加小心，防止疾病突发。

防患肠胃疾病： 立夏以后，各种瓜果、蔬菜开始陆续上市，从而也带来了食品卫生的问题，特别是肠胃炎开始进入高发期。因此，人们在食用瓜果和凉拌菜的时候，应该清洗干净，吃多少准备多少，不吃剩下的凉拌蔬菜。肉类食物在夏季也很容易变质，其危害很大，无论生肉还是熟肉，风险都是一样高的。切忌吃变质的食物，否则会导致食物中毒。

二、 地理老师有话说

防台风和水灾： 随着夏季的来临，台风也开始增多，自然灾害也会频发，主要是水灾和泥石流。立夏以后，河水水位会逐渐地高起来，所以人们在出行的时候应该多注意安全。每年夏季都是溺亡的高发期，特别是青少年儿童，我国每年有三万多14岁以内的儿童死于溺水。因此，这值得所有的家长们保持警惕。

三、生物老师有话说

立夏不热，五谷不结：到了立夏，我国的环境多以绿色植物和水体来充实。我国广大地区的温度大多已达到20℃以上，这个温度是很适合农作物生长的。一般来讲，只要不是极端的天气，在夏季应该是温度越高越适合农作物的生长，前提是在有充足水资源的保障下，因为大多数的农作物都是喜欢热天的。所以民间有"立夏不热，五谷不结"的说法。立夏以后，在我国的南方地区，早稻已经成熟了，有的地区甚至已经收割完了，二茬水稻（二季水稻）也已经插秧了。在北方，立夏以后，小麦的长势也不同，越靠近南方的地区，小麦成熟越早，越偏北，小麦成熟越晚。所以北方小麦的长势是，有的地区是"拔节"，有的地区是"抽穗"，有的地区是"灌浆"。"拔节"是指小麦长麦穗下面那根秆（梗），这根梗长得越粗壮、越长，结的麦穗就越大。"抽穗"是小麦开始长穗，长的穗越长，小麦的产量就越高。"灌浆"是指小麦颗粒里面的饱满程度，"灌浆"越足，小麦的颗粒就越饱满，"灌浆"主要取决于施肥和浇水。与小麦同时生长的北方农作物还有大豆，大豆虽然是春天播种的，但它与前秋播种的小麦是一起成熟的。在北方，除了小麦和豆类作物外，高粱、玉米到了立夏以后，其长势也比较突出，生长好的地区，玉米、高粱能长到半腿高了，这些都是决定能否丰收的因素。立夏以后，很多动物的幼崽都已经到了出生的阶段，禽类动物也已经开始"破壳"而出了，所以立夏以后也是动物的"天堂"时期。

桃的历史十分悠久，在我国公元前10世纪前后，就有桃树的记载，而且在《尚书》《管子》《韩非子》《山海经》《吕氏春秋》等著作里都有记录。桃主要生长在我国北方地区，到了公元前2世纪后，才从我国的甘肃、新疆传到波斯，后来从波斯传到希腊、罗马、法国、德国等国家。公元19世纪，才又从欧洲传到南北美洲。桃子在当时既可以当作水果，也可以当作主食食用。远在四千多年前的夏代，人们就开始用桃木制作驱妖辟邪的器具。无论在神话《西游记》的故事中，还是在人们的日常生活中，桃木、桃花、桃子都占有一席之地，桃子也代表着长寿的意思。

立夏，正是我国广大地区人们出游的好时节，特别是我国的北方地区，各种山花开始争艳了，尤其是梨花和桃花，更是艳丽多娇。尤其桃花还有美容养颜、减肥、调经、活血、利水、通便的作用，有利于促进血液循环和新陈代谢，改善皮肤状况，所以桃花也有"女人之花"的称号。可将其制作成桃花蜜，冲泡饮用，对人体有益，但不宜多食、久食。

桃花的确是个好东西，所以会形容人的肤色好似"粉面桃花"。自古以来，就有很多关于桃花的故事和形容桃花的诗句，如"桃之夭夭，灼灼其华""人面桃花相映红"等，桃花象征"春天、爱情、艳丽、长寿"等；形容培养的学生或后辈很多，各地都有，用"桃李满天下"等。

第二节　劳动课

在过去，我们广大的北方地区到了立夏就要做好收割小麦的准备了。最主要的准备工作是"压场"。把小麦收回来后脱粒晒晒的地方也叫"场院"。压场就是要把长时间不用，经过一冬的场院的地压实。因为冬天会下雪，雪融化后，雪水会渗入场院的土里面，天冷会

很硬，但是到了开春，天一暖和，冻土就会融化，就会变成风化土。风化土是很松软的，风一刮到处都是土。因此，无法晒晒粮食。人们会把场院里的土地用牛耕开，撒入碎麦秸用耙子耙均匀，喷上水，再用遛轴压实。轴有时是用马拉着压，也有用人拉着压的，而且是几个人一起用绳子拉着压场。

学生可以分成若干个小组，换着班地拉着遛轴压，是在场院里转着圈地压，一定要压实，不能有剩土和石子，一定要干净。

马拉遛轴

人拉遛轴

059

第三节　营养课

炸麻团

一般有两种面团： 一种是发酵江米面，用时加碱去酸加糖。另一种是正宗做法，用发酵的江米面戗干江米面。

1. 500 克普通面兑糖 100 克。

2. 500 克江米面兑泡打粉 10 克，酵母 5 克，糖 100 克。

和面方法： 先将糖、酵母、泡打粉用温水融化，再和江米面（或汤圆粉）500 克，加水 400 克左右。面软硬要适当，一般要和得软些，因为容易反硬。如用发酵面，面要是软，可多加些干江米面，否则可少加些干江米面，干面自己看着放即可。

制作方法： 包馅要包圆，特别是豆沙馅一般应少用团，容易漏馅。油温一般在 160 ～ 180℃。

第八章

小满

公历每年
5月20日至22日

———

太阳到达黄经60°时
为小满

五月来　桃花开
保健康　除瘟害

小满节气，除了东北地区和青藏高原未进入夏季以外，我国绝大部分地区日平均温度都在22℃以上，真正地进入了夏季。

到了小满时节就进入了旅游的旺季。因为在这个季节里，天气虽然已经热起来，但是还没有达到真正的炎热，对人体的伤害不算大，人们穿的衣服也较少，换洗起来也方便，出行带的衣服重量也轻，所以方便旅游。这个季节出行，吃的食物的种类也多，而且价格也便宜。无论是过去还是现在，到了小满这个时节，出行的人都是很多的。但是，出行时的言语和行为也是有很多禁忌的，人们也要尊重当地的风俗习惯。

小满时节，最容易发生肠道传染病，因为小满时节是热季的第一个节气，属于初夏，人们喜欢食用生冷食物；夏季是旅游旺季，外出就餐的机会也较多。但气温升高，食物容易腐败变质，苍蝇、蚊虫逐渐增多，导致痢疾杆菌等病菌生长繁殖，加上雨水较多，霍乱弧菌、沙门氏菌等喜温暖潮湿的肠道致病菌繁殖更快。

第一节　节气课

一、健康老师有话说

选择有祛湿功能、易消化的食物: 到了小满时节,人们的饮食已经开始接近多样化了,特别是蔬菜品种不断增多,价格下降,丰富着人们的餐桌。即使在北方,温度较高的地区,菌类植物也已经可以上市了。因此,在过去,到了小满时节,餐桌上的食物主要以上一年的余粮和应时应季的蔬菜、菌类为主,再加上蛋类、猪肉、鱼类等食物。在过去,到了小满以后,牛羊肉会逐渐地减少。因为牛是主要的耕种工具,母牛也要生育和产奶了,所以不能再宰杀了;而到了小满时节,羊吃的都是青草,因此,羊肉会有膻味,而且越来越重,人们是不爱吃的,也是很难接受的。在小满时节,禽类主要是繁殖用的,多余的禽类早已被人们吃完。因此,这个时节禽肉也是比较少的,只能食用不能孵化的蛋类。

在我国的二十四节气里,有小满,没有大满,也就是说,无论是人和物,还是生活、学习、物质基础,都永远满不了,特别是农作物的生长、果实也永远满不了。因此,小满也有警示、告诫的作用。

在北京,返青速度越来越快,人们开始采摘野菜,用野菜制作各种馅料,包饺子或包馄饨。

小满时节日常生活要注意饮食卫生,做好家庭环境的卫生消毒工作,饮食上选择有祛湿功能、易消化的食物,如山药、冬瓜、陈皮、五谷杂粮、百合等。

小满时节养生粥

红小豆、薏苡仁、山药、大米、百合。

小满时节养生茶

陈皮糙米茶（糙米炒熟后和陈皮一起泡水喝）。

小满的民俗饮食

酸奶子。

做好消灭蚊蝇的卫生工作： 到了小满时节，人们的养生是个大问题。一忙，二累，三睡眠少，四蚊蝇多，都是影响健康的因素。所以每年到了小满时节，无论是南方还是北方的人们，都要安排好休息的时间，即使是外出旅游，也要做到劳逸结合，要充分保障睡眠的时间和质量。生吃瓜果、蔬菜一定要洗净，防止肠道传染病的发生，还要做好消灭蚊蝇的卫生工作。

二、地理老师有话说

持续高温，闷热、潮湿、气压低和少风：在我国，到了小满节气，大部分地区都已经进入实质性的夏季，气温逐渐升高，人们的感觉也是一天比一天更难耐。室内与室外的温差也在一天比一天减小，人们感觉到无论是室内还是室外，没有凉快的地方，这种感觉越靠近南方越是明显，因为闷热、潮湿、气压低和少风是夏季的主要特点。到了小满以后，室内的通风是比较差的，特别是平房的居住环境气压低，风少，这也是影响通风的主要原因。

小满过后，环境卫生问题开始突出。随着雨水的增多，路面、院子里会时常出现积水，死水长期得不到处理就会散发臭味，很容易滋生蚊蝇等危害人们健康的害虫。特别是在几十年以前，垃圾处理等卫生设施不完善的情况下，这种现象即使是在北方地区也是司空见惯的，在南方地区这类情况更为严重。即使是在高度发展的今天，城市郊区、农村等边远地区此类情况也是比较突出的。

三、生物老师有话说

农作物长势进入最好的时节：到了小满节气后，在我国，无论南北，农作物在正常的年景下，长势都进入最好的时节。在北方，冬小麦和大麦籽粒都已经灌浆，但是还没有完全成熟，颗粒还不太饱满，所以这个时节才被称作"小满"。其他的农作物，如大豆、绿豆、黑豆等豆类也已经接近成熟，原来的主粮"青黄不接"也即将结束。现在的人们已经完全没有了这种感觉和意识，而二十世纪五六十年代出生的这代人，对此是有深切感受的，只要是经历过"面朝黄土背朝天""土里刨食"，看天气吃饭的人，都会记得什么是"青黄不接"。如今，交通的便利打通了南北，蔬菜水果大棚的普及穿越了季节，人们已经没有"青黄不接"的概念了。

动物生育、发育进入高峰期：到了每年的小满时节，动物的生长、发育都开始进入高峰期了。禽类如小鸡、小鸭、小鹅等早点孵化出来的，到了小满时节就可以"一把抓"了，也就是能长到250克左右了。到了小满时节，小狗首先到了生育期，其他动物也随之进入生育期；鱼类也已经接近"甩籽"期了。这个时节的农牧民更是要忙活一阵子了。到了小满时节，我们更应该普及生态平衡的知识，提高生态平衡的意识。因为到了小满时节，无论是水里游的还是陆地上跑的，都是已经怀胎、怀籽了，这个时节捕杀动物，很可能杀死一只就等于杀死两只或者多只；这个时节捕杀鱼类，杀死一条母鱼就是杀死几十条、几百条甚至是更多条。因此，到了小满时节，人们要有所节制，更要守法。

四、物理老师有话说

一路顺风：现在人们的出行方式越来越多样化，越来越便捷。有飞机、火车、轮船、汽车等。我们去机场送亲友时，往往会说"一路顺风"，这句话用在车、船上是没有问题的，但是如果用在乘坐飞机上是不合适的。这是因为飞机是逆风飞行的，如果遇到顺风的气流，飞机要绕路飞行，否则如果真的顺风飞行，飞机飞行高度下降甚至会掉下来的。就像我们放风筝，也是迎风放的，只有迎着风，风筝才能够飞起来，这是物理中力的作用。在行船时，除帆船外，其他船顺风顺水航行时，速度还是比较快的。但是帆船迎风行驶的速度是快的，因为迎风时，风会吹着帆向后倾斜，而帆的根部与船体连接，这时，帆的根部就会向前拱起，从而顶着船向前走。这些都是常见的物理知识。

第二节　劳动课

到了小满节气，在北方，无论是农田还是果园、菜地，要干的活很多，是最忙的节气。学生参加劳动的项目可选性是非常大的。

这个时节最适合高中生的工作是维修收割机、脱粒机、扬场机等，以便收割小麦时使用。因为此时收割小麦也叫"龙口夺粮"，也就是说雨季到了，而且是连续阴天，下雨的天气也很常见。因此，收割小麦和储存小麦的时间是非常紧张的，人们总是加班加点地工作。所以，前期的准备工作一定要做实、做好。

1.收割机要拆开，看刀具是否完整，有没有断刃缺刃的，轴承的滚珠有没有碎的，需要注油的地方是否要注油。

2.扬场机，主要是检查风机，看电机是否正常，风力是否够大。

3.脱粒分两种，有条件的用脱粒机，没有条件的由人工拉着滚轴压。

这些工作都很适合高中学生操作。

小满谚语

小满三日望麦黄，
小满十日遍地黄。
小满不起蒜，
留在地里烂。

维修收割机

维修脱粒机

《论语》有云："工欲善其事，必先利其器。"要做好一件事，准备工作非常重要。尤其对于务必顺应天时的农业来说，"机不可失，时不再来"，如果耽误了农时就会影响一年的收成，前期的努力劳动都化为了泡影。学习生活中也要注意未雨绸缪，常备不懈。

第三节　营养课

豆馅烧饼（也叫"蛤蟆吐蜜"）

原料：富强粉 500 克，豆馅 1500 克，麻仁 150 克，碱适量（放 50 克面肥，碱少许）。

制作：面 450 克，面肥 50 克。重馅，皮 10 克，馅 20 克。将面和好，饧后下剂擀圆片，包上豆沙馅，做成圆圈，沾水滚上芝麻，中间点一个红点，放入烤盘。

营养评说

"蛤蟆吐蜜"是老天津卫的一种传统小吃，该小吃历史久远。豆馅烧饼在烤制过程中，因烧饼边上有自然开口，吐出豆馅，挂在烧饼边上，所以人们就形象地把豆馅烧饼称为蛤蟆吐蜜。

豆沙馅选用的红小豆，富含蛋白质和 B 族维生素等多种营养成分。中医认为红小豆有解毒排脓、利水消肿、清热祛湿、健脾止泻、净化血液之功效。所以这款"蛤蟆吐蜜"不仅好吃饱腹，还有一定的营养价值。

第九章

芒种

公历每年
6月6日前后

———

太阳到达黄经75°时
为芒种

芒种前　忙种田
芒种后　忙种豆

芒种两头忙，忙收又忙种。当农民开始忙着收割小麦的时候，说明芒种到了，这个节气最适合种有芒的谷类作物，所以叫作"芒种"。过了这个节气，农作物的成活率就越来越低了。

　　芒种期间，长江中下游地区雨水增多，气温增高，进入阴雨绵绵的梅雨季节，天气异常潮湿闷热，其他各地也纷纷进入雨季。充沛的雨水对水稻和夏季作物的生长非常有利，但对于人体健康来说，暑湿邪气太重，要谨防其乘虚而入。暑为阳邪，容易耗气伤津，导致口渴引饮、唇干舌燥、大便干结、尿黄、心烦、闷乱等症状，严重的导致人猝然晕倒，不省人事。湿为阴邪，外感湿邪后多有身重倦困，缠绵难愈，出现没有胃口、爱犯困、没有精神，患脚气、下肢溃疡、妇科炎症、皮肤炎症等症状。

第一节　节气课

一、健康老师有话说

日常宜选择补心养血、利尿祛湿的食物：芒种是热季的第二个节气，气候逐渐炎热起来，在这种天气里，人体心火也逐渐旺盛，养生方面我们也要抓紧时间"播种"健康，日常宜选择补心养血，利尿祛湿的食物。如酸梅汤、四物乌鸡汤（四物指：当归、川芎、白芍、熟地黄）、苋菜、圆白菜、西红柿、冬瓜、海带、五谷杂粮、坚果、瘦肉等。

由于天热，人们的反应也是很大的。无论南方还是北方地区，人们都处在容易中暑的环境里，所以饮食应该多吃些清淡的、不易上火的食物。人们既要注意自己的出汗情况，又要防止脱水缺钠，可以食用如小白菜、圆白菜、西红柿、瓜类、瘦肉类、蛋类、奶类等食物，但是要注意饮食卫生，防止肠胃疾病。

芒种时节养生粥

五谷粥（大米、小米、玉米、高粱米、小麦仁）。

芒种时节养生茶

酸梅汤（乌梅、甘草、山楂、冰糖）。

芒种的民俗饮食

粽子。

南防潮湿，北祛暑：芒种时节，人们开始感觉到睡眠不足，这是"昼长夜短"的原因。到了芒种时节，南方潮湿，各种皮肤病很容易产生和复发，而北方则是容易中暑。此时，无论是南方地区还是北方地区，湿邪都是很重的。南方人很能食用辣椒，是因为它们有祛湿的作用。北方地区的人有喝绿豆汤的传统，也是为了祛暑。所以到了芒种时节，有"南防潮湿，北祛暑"的养生之道。

二、地理老师有话说

防风，防雨，防蝗灾：在我国，特别是北方，到了芒种时节天气多变，灾害多发，既收又种，人们会忙得"不亦乐乎"。先说气候，到了芒种时节，正常年景下，先是多风，会使即将收割的冬小麦、春天播种的大麦等农作物发生"倒伏"。如果是严重的"倒伏"，还会增加收割时的困难，"倒伏"后的小麦、大麦，挨上地后会发霉，会烂掉，使收成减少。

到了芒种，在正常年景时，雨水会增多。突然下的雨会使麦粒发芽、发霉、变质；打下来（收割）的麦子无法晾晒，也会发芽、发霉。严重的阴雨天甚至会使眼看要到手的小麦、大麦变成颗粒无收。所以此时收割小麦、大麦称作"龙口夺粮"。极端的天气一般是指无降雨、干热、暴晒，庄稼地都能干旱得裂出"大口子"，使已经种下的玉米、高粱等农作物被旱死，还得补种。但是补种的庄稼是会受到农时影响的，晚一时就会减产一成（一般三天为一时，也有一天和一个星期的）。比如种水稻，是先把种子泡发芽后，再种到"大棚"里，育成10厘米左右的小苗，再把小苗连根拔出栽种到水田里。种植时"甩六退四"，也就是横着每行间距是6寸，竖着每行间距是4寸。栽种水稻也叫"插秧"，开始"插秧"时每株是3～4个苗，但是，越往后，每株放的秧苗就越多，这样才能保证秋天收成的情况，这也是"时节"的体现。

再说芒种时容易发生的灾害，特别是在广大的北方地区，到了芒种时节，也是蝗虫容易泛滥的时候。蝗虫也被称作"蚂蚱"，闹蝗虫严重时会造成粮食颗粒无收，还会把种植秋作物的庄稼全部吃掉。在我国几千年的历史上，因为闹蝗灾，人们家破人亡、妻离子散、卖儿卖女的事件多次发生。除了蝗虫，还有蝈蝈、"地老虎"等虫害。

除了农作物，芒种时节也是动物的高繁殖期，如猫、狗、猪、羊、牛、马等。民间有个顺口溜，叫作"猫三狗四猪五羊六牛七马八"，这是指怀孕的时间，即怀孕多少个月。还有"鸡孵鸡二十一，人孵鸡二十七"，说的是老母鸡孵化小鸡用21天，如果是人工孵化小鸡，就得用27天。所以说，"芒种"真的是很"忙"。

三、生物老师有话说

差一时，收成会少一成：在我国，芒种时节的忙碌，主要体现在广大北方的农作物产区。人们既要收割小麦，又要准备种植其他秋季的农作物。所以说，在我国，芒种时节的气候条件是很重要的，也是农民最忙的时间。因为"你误地一时，地误你一年"，所以在芒种这个时节里，作为农民，谁也不敢有半点耽误。而且，到了芒种时节，在北方雨水也会增多，天气的变化也很复杂，天气是晴、雨、风多变化的，一会儿闷热，一会儿暴晒，人们在这样的气候和环境下劳作是很辛苦的。芒种时节的气候，对适时种植农作物的影响是很大的，如果赶上极端天气，就会影响秋季的丰收。在农作物的种植上，"差一时，收成会少一成"，因此，芒种时节的重要性可想而知。

第二节　劳动课

水稻种植过程中，先要在秧田育秧，也就是将种子播到秧田中，等长到三张叶片加一片心叶后（叫三叶一心）就可以移栽，拔秧就是将秧苗拔起来，之后移栽到大田中，故先有拔秧才有插秧。北方地区在小满到芒种节气的前后，正是插秧的时候。插秧是很累的一种农活，也是过去高中学生参加农业劳动的主要工作。而那时的女生主要拔秧，比较轻松一些。插秧是男生干的活，比较累，往往会腰酸腿疼。

芒种谚语

芒种火烧天，
夏至水满田。
芒种雨连连，
夏至火烧天。
芒种芒种，连收带种；
芒种不种，过后落空。

　　1. 拔秧：也叫拔芽子，劳动时人坐在小板凳上，小板凳的上下都要钉上木板，下面的木板放在水里，上面坐上人，木板凳不容易陷进泥里。因为拔芽子是在脚面深的水里拔，如果没有水泡着，地会干、芽子会死，也会拔断。这里说得芽子就是小水稻苗。要把很密的苗连根一起拔出来，在水里把根上的泥涮干净，用一根泡过的稻草捆成小捆，约一把粗细。

生理期的女生是不能下水拔芽子的，可以在岸上运送芽子，把捆好的芽子运送到插秧的地里。

2.插秧：是在低于脚面的水田里，把芽子的根部用手插在泥里，不能插得过浅，也不能插得过深。浅了芽子会漂起来，深了会"淹死"芽子，不利于生长。

插秧讲究"甩六退四"，就是说行与行的间距是六寸；苗排成"队"，前后的间距是四寸，这样有利于生长。最重要的是，六寸可以放进脚，脚是在两行之间移动的，芽子不能插到脚窝里。插秧人要倒着走，一般是每个人每次平行着插六行。

拔秧

插秧

第三节　营养课

螺丝转的制作

原料： 面 500 克，麻酱 500 克，盐 75 克，碱少许，油 25 克，面肥 200 克。

制作： 面 500 克，面肥 200 克，将面和好饧一饧，下剂搓成细长条饧一饧，擀成小长方形抹上芝麻酱，从长的一头卷起来放一边饧着卸劲后，每个剂中间切一刀，刀口冲上背埂捏扁，在手指上卷，收口在底下。切开后背上刷点油，按窄点，为了能看出外边层次更多。切时要用快刀切，防止粘层。烤时刷一层油，面冲下按一下放入烤盘，温度 200℃。

营养评说

螺丝转烧饼，麻酱是主角。麻酱全称也叫芝麻酱，是把芝麻炒熟磨碎制成的调料品。芝麻酱根据所采用芝麻的颜色，分为了白芝麻酱和黑芝麻酱。

芝麻酱是厨房的调味品，除了日常拌菜之外，夏季的麻酱捞面也受百姓欢迎。一般佐餐调味多以白芝麻酱为佳，因为它做工精细、色泽金黄、口感细滑、口味醇香。黑芝麻酱这些年更受养生者青睐，中医认为黑芝麻有滋养强壮、润肠、和血、补肝肾、乌须发等作用。芝麻酱的钙含量很高，很适宜需要补钙的人群。

第十章

夏至

公历每年
6 月 22 日前后
——
太阳到达黄经 90° 时
为夏至

到了夏至节气
滋阴养肾不能歇

夏至是酷夏已至的意思，是热季的第三个节气。古时候每到这个节气，文武百官都要放假三天以避夏日酷暑。我国除了青藏高原、东北地区、内蒙古和云南等地有一些常年无夏区之外，各地日平均气温一般都升至22℃以上，真正的炎热天气正式开始了。俗话说：冬至一阳升，夏至一阴升，这两个节气都是阴阳转换的阶段，阴阳转换时，既要注意保护阳气，也要静心养阴。

　　夏至天气炎热，人体脾胃功能较差，食欲缺乏。中医学认为，苦能泄热，不仅能调节人体的阴阳平衡，还能防病治病，所以可食用带苦味的食物，如：苦瓜、苦菜、苦菊、蒲公英、苦丁茶、苦杏仁、苦荞麦等。自夏至起，应多选择阴性食物来滋阴养阴，如鸭肉、冬瓜、莴笋、生地黄、百合、紫菜、鸽子蛋、西红柿、银耳等。除了这些，还要保证足够的睡眠以养阴气，不要在这个节气熬夜。

第一节 节气课

一、健康老师有话说

主要吃植物性的食物，肉类相应减少一些：到了夏至以后，人们的饮食主要以农作物为主，主要吃些植物性的食物。如面食和青菜，可选择的蔬菜品种也越来越多。人们在炎热的夏季贪凉，凉拌菜所占比例加大，有条件的话啤酒的消费也会加大，白酒特别是烈性白酒的消费会相对减少。在过去，火锅是会完全退场的，当然现在不同了，在有空调的室内，火锅也是照吃不误。到了夏季，人们的冷饮消费会快速增长，时令水果也开始多了起来。所以，夏季是食物的"大集会"，相对来讲肉类消费会相应减少一些。进入夏至以后，空气中的湿度会越来越大，人们应注意保健，以免湿气侵入体内。

夏至时节养生粥

生地黄煮汤滤渣，和大米、百合、枸杞、枣仁、大枣同煮。

夏至时节养生茶

苦丁茶。

夏至的民俗饮食

凉粉。

不要贪凉，保护好身体的阴阳平衡： 到了夏至以后，人们普遍贪凉，特别是青少年及儿童，这个群体对冷饮的消费会占到市场的80%以上。因为天气炎热，人们不爱吃东西，吃不下饭，所以总是想吃凉的，但是这样对人们的养生和健康是个不小的挑战。根据科学的养生方法和人体代谢、循环的需要，人们在天热的环境里也不应进食太过寒凉的食物。就跟我们热天洗澡一样，用凉水洗完澡，当时舒服，过后难受；但是如果用稍微热点的水洗澡，洗完以后会感觉很舒服。到了夏至以后，更要预防胃肠型感冒，胃肠型感冒是非常损害健康的，所以要保护好身体的阴阳平衡。

二、地理老师有话说

典型的矛盾天气加极端天气：到了夏至，闷热、无风，天气一天比一天热，一天比一天闷，人们感觉也是一天比一天喘气困难。南方湿度很大，衣服永远潮湿，找不到干爽的感觉；北方有时闷热潮湿，有时刮"干热风"，人们会感到口鼻"冒烟"。在北方，到了夏至以后，树叶都"懒得动弹"，人们仿佛觉得河里的水都是热的；南方时常暴雨成灾，北方有的地方暴雨横流，有的地方长时间干旱，是典型的矛盾天气加极端天气。到了夏至，南方很少能见到晴天。过去，南方杂草丛生，到处是泥泞的路，蚊蝇撞脸，是传染性疾病的高发期。在北方，到了夏至以后，由于气温很高，不是闷热就是干热，人们的感觉是很难忍受的。疾病方面主要是肠道疾病和中暑，其他的传染性疾病会相对减少些。

三、生物老师有话说

植物非常茂盛，动物长得很快：到了夏至，在我国，不分南北，植物都是非常茂盛的。夏季的农作物都已成熟，开始大量上市了。粮食作物如小麦、大麦、大豆、绿豆等已经收割完毕，人们开始整地、施肥，种植一些晚熟的作物，也叫麦茬作物。因为麦子刚收割完，地里都是割完麦子后留下的根部——麦茬。比较典型的农作物是白薯，所以又叫麦茬白薯。但是也有很多地方开始整理土地，准备用来种植蔬菜，如萝卜、白菜等。到了夏至前后，即使是在北方，早熟的水果也开始成熟采摘上市了，如油桃、苹果、沙果、樱桃等，蔬菜如苦瓜、冬瓜、莴笋、油菜、韭菜、芹菜、茄子和早熟的扁豆等均已成熟上市。最有意思的是茄子，茄子在生长过程中，开花结果时，先在茄秧的底下结一个茄子，如果不把它摘下来，上面就不会再长茄子了，所以人们管它叫"门茄"，也有叫"闷茄"的，意为守着大门，谁也别进来；如果把它摘下来，上面就会长出两个茄子，这两个茄子叫"两扇门"；再往上继续会长出四个茄子来，人们管这四个茄子叫"四方斗"；再往上就会结出很多的茄子，叫作"满天星"。注意，种植时肥水一定要跟得上。

动物也是一样，到了夏至前后，长得也非常快，因为它们有很多的食物可吃。人们这时候可以吃小鸡了，也叫笋鸡，也就是"一把抓"的小鸡，这种小鸡既容易烹饪又好吃，鲜嫩可口，老幼皆宜。所以民间有"老狗笋鸡"的说法，也就是说，狗要吃老的，鸡要吃小的。现在社会进步了，大家保护动物不吃狗肉了，但是人们在夏、商、周时就有食狗肉的传统，狗肉也位列"八珍"之中，在成语里也有"兔死狗烹"。夏季以后，禽类的食用量会减少，因为不好褪毛。这个时节正是禽类换毛的季节，老毛脱去，新毛刚要长出来，所以在宰杀的时候不容易把毛拔干净。因此，在过去，即使是烤鸭店到了夏季也不再烤制鸭子，烤鸭店只有在冬、春、秋三个季节有烤鸭。

小知识

在我们的日常保健食品中，有一个很重要的食材，那就是枸杞，今天就讲讲枸杞的传说。

据传，枸杞原来叫"狗妻"，后来经过演变才叫成现在的枸杞。传说很久以前，有一户人家，家中有老两口，多年没有生育儿女，人到中年以后才生了个儿子，也可以说是"老来得子"，所以娇生惯养。在过去，人们常选择动物名来作为孩子的名，即使王公贵族家庭也是如此，传说是因为好养活，能"落住"，希望孩子就像家里养的小猫小狗一样容易养活。这户人家也不例外，所以给孩子取了个名字叫"狗子"。后来狗子长大成人了，到了"男大当婚"的年龄，父母给狗子说了门亲事。媳妇过门以后，人们开始称媳妇为"狗妻"，即"狗子的妻子"，久而久之，人们也就叫习惯了。

又过了几年，狗妻也生儿育女了。平时，狗子在家里种地，养活着一家人，妻子打理家务，小日子过得虽然不富裕，但是一家人凭着自己的劳作也算是衣食无忧，其乐融融。天有不测风云，社会动荡，到处都有抓"壮丁"的，狗子被抓走当壮丁了。临走时狗子把一家老小都交代给了妻子，叫妻子好好伺候父母。狗子走后，狗妻一个人承担起了照顾全家人的重担，自己既要种地又要做家务，顾得了外面顾不上家里，顾了家里就顾不上外面，再加上天灾，所以吃了上顿没下顿的。但是，狗妻对公婆非常孝顺，家里能吃的粮食，先紧着公婆，再紧着年幼的儿女，自己只能到山上采集野果充饥。后来她无意间发现山上有一种小小的、红红的野果子挺好吃，新鲜时，里面有籽有水，干了以后更是香甜可口。但是狗妻怕有毒，不敢轻易地给公婆和儿女吃，只能自己吃。

　　过了些年，社会平稳了，狗子回来了，一进门看见年迈的父母和自己的儿女骨瘦如柴，而妻子却白白胖胖的。于是，狗子大怒，认为自己走后，妻子不孝顺父母，虐待父母和儿女，只顾自己吃，不顾父母和儿女，他顺手抄起棍子就打妻子。父母看到后，怒斥狗子，告诉狗子儿媳妇很孝顺，把家里能吃的都留给了老两口和儿女，她自己舍不得吃一口，每天只能上山去采野果吃，即使这样，家里人也是饥一顿饱一顿的。狗子听了以后，跟妻子一起到山上看她经常吃的野果，结果一尝，还挺好吃的。这件事被传了出去，村里的人们也开始采集这种野果来充饥，但人们不知道这种野果叫什么，于是有人提议说，既然是狗子的妻子发现的，咱们就管它叫"狗妻"吧！从此以后，这种野果就叫"狗妻"了。又过了些年，这件事被一个郎中听说了，这位郎中就找到了狗子的妻子，让她带着他去山上采集。郎中采集野果回来以后，经过多年、多次在草药中添加

第二节　劳动课

在北方，到了夏至节气前后就开始麦收了。北方的麦收是从南往北收的。因为我国的小麦重要产区之一，是华北和东北。内蒙古的河套地区也是非常重要的小麦产区。收麦子时，在现代机械化条件下，是从河南省开始收割，河南

夏至谚语

夏至落大雨，
八月涨大水。
夏至无云三伏烧。

省小麦收割完，河北省地区的小麦也成熟了。收割小麦的联合收割机从河南省来到河北省地区收割。河北省收割完，联合收割机会从河北省开到东北，这时东北的小麦也成熟了，正好收割。

北方小麦的成熟期是由天气的冷暖决定的。天气热得早的地区小麦先熟，天气热得晚的地区，小麦熟的也晚。

大型机械化收割适用于大块地大面积的种植；而小块地，边边沿沿的麦地，还是需要人工收割。学生除了收割小麦以外，还可以在场院工作，如压场、脱粒、扬场。

1. 把小麦连同秸秆一起撒在场院的地上，用马或人工拉着遛轴转着圈地碾压，碾压完成后，把秸秆用耙子耙出去，把麦粒扫在一起。

2. 将小麦扫在一起后，如果看到天气有风，就人工用木锨把麦粒铲起来，顺着风扬。这时麦粒就会落下来，而麦皮、麦糠和土就会随着风飘到比较远的地方，这样就可以把麦粒和皮、土分开了。

3. 小麦粒经过晾晒，干了就可以储藏了。

收割

脱粒

之前理解了压场的重要性，也已经做好了充足的准备，下一步就可以扬场了。扬场可以体现出劳动人民借助自然的智慧。扬场要在有风的天气，利用空气的流动，筛选出不同的成分。谷粒、谷糠、石块等杂质密度不同，相同体积的石块质量最大，落地时最近，而谷糠落得最远。劳动时注意人要站在上风口，避免麦皮、麦糠吹到脸上迷了眼。

第三节　营养课

🔵 蝴蝶卷的制作

原料：面500克，麻酱500克，盐75克，碱少许，油25克，面肥200克。

制作：面500克，面肥200克，将面和好擀成长方形，刷一层油抹上芝麻酱，对卷，一头卷得多些另一头卷得少些，然后切成薄片，4片成一个蝴蝶卷。中间两个长些而且小头冲上，两边短些大头冲上，用筷子夹成蝴蝶状（切面冲上）。入锅蒸，开锅上汽30分钟就行。入烤箱，180℃烤到发黄就行。

营养评说

蝴蝶卷是花卷的升级，因加入了麻酱而更营养和美味。蝴蝶卷可蒸也可烤，同学们可以品尝蒸、烤后的不同口感。同样的食材，采用蒸的方法，食物中可保留更多的营养和水分，吃起来也较不容易上火；而烤制的食物，虽然更美味好吃了，但食物中营养和水分损失得更多，吃起来也较容易上火。所以还是倡导健康烹调方式：多蒸煮，少炸烤。

第十一章

小暑

公历每年
7月7日前后

——

太阳到达黄经105° 时

为小暑

头伏萝卜
二伏菜
三伏里头种白菜

小暑是热季开始后的最后一个节气，炎热袭人，我国绝大部分地区日平均气温已在 25℃以上，最高气温可达 40℃。

　　小暑时节要调整好自己的情绪，保证充足的睡眠，积极参与社交活动，交流思想，保证心情愉悦。日常饮食应吃些清暑解热的，如豆芽、菊花、绿豆、荷叶、百合、薄荷等，还可以根据个人体质进补，阴虚者可经常食用鸭肉、鹅肉、甲鱼等甘寒益阴的食物，阳虚者可经常食用鸡肉、羊肉、牛肉、鳝鱼等温性食物。多食应季的水果蔬菜，如西红柿、西瓜、杨梅、甜瓜、桃子、李子等。

第一节 节气课

一、健康老师有话说

吃兔肉：在农村，过去的时候，吃兔肉是很常见的。因为兔子繁殖得快，长得也快，所以小暑时节吃兔肉也是很好的选择。兔子的繁殖、生育没有季节限制，一般的情况下是一个月一窝，兔子的怀孕期是28天，母兔生完小兔后3～5天就可以进行交配，每次生小兔数只，小兔长到3～4个月就可以作为食材。南方的水产品在这个季节是很丰富的。在南方，无论是现在还是过去，动植物的食材都是极丰富的。这也为南方人的口味、食物品种的多样化，提供了便利。

吃饺子：到了小暑时节，我国部分地区有在头伏吃饺子的风俗，特别是北方，如北京。吃饺子的历史起源于医圣张仲景时期，那时是在寒冬时节吃的。而我们老北京的头伏饺子是在小麦收后吃的，在这个时节里，既有刚产下的新麦子做皮，又有丰富的蔬菜做馅，所以有着祝福以及祛邪的含义。实际上，到了小暑时节，人们的食物有很多，吃法也很多，但只是天气太热，人们懒得做饭，不愿意在炉火旁边烹饪。因此，虽然食物丰富，但是餐桌上的饭菜却很简单，热的粥、汤减少，甚至没有，冷饮、啤酒是常态。现在点外卖，去超市买成品、半成品也成为一种生活方式，其实这是一种很不正常、不尽合理的生活方式。到了小暑时节，虽然很热，但还是应该自己下厨，做一些可口的饭菜，该热就热点，出出汗也无妨。

选择禽类肉和羊肉、牛肉，保持冷热平衡：小暑时节的养生也很重要。因为到了小暑时节，天热，人们更加不爱吃饭，睡眠也少，身体的消耗增大，环境的湿度也大，所以到了小暑时节，要根据自己的体质选择正确的食物，不仅要保持阴阳平衡，还要防止中暑和暑热、暑湿。有心脑血管慢性病的人群，更要适时调整好自己的饮食。我们常规的选择是以绿豆汤、绿茶、菊花茶、白开水为宜，一定要限制冷饮，特别是广大的青少年、儿童群体。在食物上可适当选择禽类肉和羊肉、牛肉，保持冷、热平衡，可以选择一定量的水果，但是不可以用瓜果代替吃饭，均衡膳食很重要。

绿豆有祛暑的功效，在用绿豆祛暑时，切记不能与红小豆（赤小豆）同时煮制，红小豆与绿豆的性味不同。

小暑时节养生粥

绿豆百合粥。

小暑时节养生茶

百果茶。

小暑的民俗饮食

凉面。

防中暑，防长痱子：长江中下游地区的梅雨季节先后结束，进入副热带高压控制下的高温少雨天气。从这个节气开始，天气就不会再凉爽，风中都带着热浪，这正是伏天的开始。盛夏天气炎热，出汗多，睡眠少，体力消耗大，再加上消化功能差，很多人都会出现全身乏力、食欲缺乏、精神萎靡、体内电解质代谢障碍、中暑等症状，老年人易诱发心血管疾病，小孩和肥胖人群易长痱子。

二、地理老师有话说

天是热天，气是热气，风是热风：到了小暑时节，也就意味着进入伏天了。到了伏天，在我国，无论是南方还是北方，户外都是很热的。南方的闷热能达到极致；北方的酷暑和新疆的酷热堪比炉火。在我国的民间有广为流传的"冬练三九，夏练三伏"的民谣，形容意志的坚强及不屈不挠的精神。到了小暑，天是热天，气是热气，风是热风，无雨是这样，下了雨后更是闷热难耐。这是我国典型的地理特征所决定的现象。

三、生物老师有话说

第二个农忙的开始：到了小暑时节，正是第二个农忙的开始，农民们到了种植秋作物的时候了。特别是在过去，主要是种植冬储用菜，如萝卜、土豆、洋葱（葱头）等。特别是萝卜，在我们北方，以北京地区为例，主要有大白萝卜、小白萝卜（也叫酱杆白，主要是用作腌咸菜）、心里美、大卞萝卜、卫青萝卜和胡萝卜等。这些都是我们北方人在过去的冬季、春季主要食用的菜类食物，因为这类蔬菜方便储存，并且储存的时间比较长。在过去，储存蔬菜主要有两种方法：一种是在地下挖坑，上面搭上顶，再埋上土，留一个门，这就是我们常说的菜窖，冬季储存过冬菜用，把菜放在里面，只要其上的土够了一定的厚度，把门给封好了（但要留有通气孔），里面的菜就不会被冻坏，也不会腐烂。另一种储存的方法就是挖坑，把萝卜类的蔬菜直接放进去，上面埋上土，也叫埋藏法。吃的时候是用多少挖多少，随吃随挖，但是必须在每次挖完后埋好，缺点是容易长芽。

在我国，进入小暑时期，禽类不爱下（生）蛋，特别是鸡，所以民间有"歇暑"的说法，就是指鸡到了暑天，就不下蛋了，要休息了。因此，到了小暑时节后，鸡蛋的价格也会高些。在水产品方面，鲜鱼有些是禁捕的，是我国法定的休渔期。在过去，这个时节的肉类食品会少些，特别是在没有冰箱的年代里，肉类食物受温度的限制，供应是比较少的，主要是定时供应，如按星期供应，甚至按月供应。

小知识

我们都知道，到了小暑时节，无论是南方还是北方，人们的饮食更加多样化了。在这里不能全都"照顾"到，只说说老北京暑伏节气有代表性的吃食。老北京暑伏吃的食物是很有讲究的，有"头伏饺子二伏面，三伏烙饼摊鸡蛋"的说法。这些吃法跟我们北方的气候和农作物特点是有关系的，也跟养殖业有关。到了暑伏季节，北方的冬小麦已经"打"下来了，新麦子可以磨成面了，这是我们北方人结束"青黄不接"后，第一次吃上新粮食。"头伏"吃饺子也有庆祝的意思，因为在过去只有逢年过节才能吃上饺子，甚至只有过年才能吃饺子，也就是真正吃饺子的日子只有过年。为此，还有一个传说，讲的是明朝末年起义军首领李自成的故事。传说，李自成早年找算命先生算了一卦，卦中说李自成能做17年的皇帝。李自成最爱吃饺子，战争年间没得吃，战争结束了，李自成进了北京城，做了皇帝后，因为爱吃饺子，便吩咐御膳房的御厨每天给他做饺子。御厨包了17天的饺子，李自成吃了17天的饺子，做了17天的皇帝，就被吴三桂引来的清军赶出了北京城，葬送了江山。由此可见，在以前，人们吃饺子就等于过年了，所以李自成吃了17天的饺子，等于过了17年。小暑吃上饺子，就跟过年一样，是为了庆祝新粮食下来。除此以外，也有不同的说法，地域不同，民族不同，就有不同的解释和说法。也有传说：历史上有"爱美人不爱江山"的君王，但也有说："李自成是爱饺子不爱江山"的。当然，这只是民间的一种说法而已，但也说明了"民以食为天"的重要性！

第二节　劳动课

到了小暑节气，北方的小麦收割完以后，人们就开始忙于大秋作物的种植。

小暑时，水稻已长到一尺甚至更高，也就到了给水稻拔草的时候了。如果稻田里的草不拔掉会比稻秧长得快，草会把养分吸走。草高、草多还会把稻秧"欺"死。

除了拔草以外，再有就是耪秧。耪秧就是用两个齿的短把小耙子在稻秧的四周围耪，但不能把稻秧耪出来，只是把稻秧的根部破壁一下，这样就会从水稻的根处生长出很多的稻秆。一般从插秧时的三到五棵，

小暑谚语

小暑连大暑，
除草防涝莫蹉跎。
小暑不见日头，
大暑晒开石头。
小暑热得透，
大暑凉飕飕。

经过耪秧后，会长出几十棵。每一棵稻秆上都会结一个稻穗。由此可见，水稻是最高产的农作物。

插秧

绣穗

劳动评说　　土地的养分有限，要避免让杂草分走本应供给粮食的营养。因此，要辛勤除草。人的心灵也要时常打理，避免杂念过多，做人做事要保持纯净的心智，这样才更容易成功。

第三节　营养课

🔵 菠萝水晶糕

蛋白面（也就是蛋清加面粉）：蛋清 8.75 克（不要蛋黄），琼脂 16.25 克，糖 55 克。

水晶面：琼脂 8.75 克，糖 175 克，菠萝少许。熬 5 克琼脂加 250 克水，半没过琼脂即可。

制作： 用4个蛋清，用筷子或打蛋机打成蓬松状，将琼脂泡透，熬开锅再加糖，化后过箩，搅着慢慢向里加入蛋白，然后倒入一个盘子里放一边。接着熬水晶琼脂，用8.75克琼脂，175克糖熬化过箩倒入碗里，用勺子舀着往蛋白盘里倒。然后加入切碎拧干汁水的菠萝即可。凝结后用斜模子刻或切成斜块，码成花形即可。把蛋白打膨胀后，可加入菠萝汁。最后倒上化好的琼脂。

<table>
<tr><td>营养评说</td><td>　　水晶糕是北京传统糕点食品中的名品，是北京夏季应时糕点小吃。水晶糕晶莹透亮，润滑有嚼劲，食之甘甜，清凉爽口，是夏季开胃解暑、清热降温的美味甜点，深受百姓的喜爱。</td></tr>
</table>

第十二章

大暑

公历每年

7 月 23 日前后

——

太阳到达黄经 120° 时

为大暑

暑大气湿　绿豆利水
适之养阴　健阳祛斑
滋阴祛痘　勿择时日
大暑已至　万物荣华

大暑到了，这是一年中最热的节气。现代气象学一般将日最高气温高于35℃的日子称为"炎热日"；最高气温达到37℃以上的称为"酷热日"。大暑是雨季的第一个节气，这个时节雨水多、湿气重、气温高，一般晴天的日子，人似在火堆旁，火烧火燎的。但遇雨过转天晴又似坐闷罐，更加难熬，动辄便会汗流浃背，挥汗如雨。

大暑天气，酷暑多雨，所以暑湿之气比较容易乘虚而入，特别是老人、儿童、体虚气弱者及从事户外劳动的人要谨防中暑。日常饮食方面应多选择时令的、新鲜的蔬菜水果，如西瓜、绿豆、酸梅汤、西红柿、茄子、辣椒、油菜、空心菜、苋菜、南瓜、红薯、山药、冬瓜、丝瓜、西葫芦等，肉类可选择鱼、泥鳅、鸡肉、鸭肉等。

第一节　节气课

一、健康老师有话说

饮食主要是以时令的食材为主：大暑节气，人们的饮食主要是以时令的食材为主。过去在北京，这一时节人们主要是吃水饭和面，所以有"二伏面"的风俗。先说水饭，在过去的北京也叫"捞饭"，就是把锅里的水烧开，把洗好的大米倒进锅里煮熟。煮的水一定要"宽"，就是水要多放些。水饭煮熟后，捞出放在盛好凉白开的盆内，可以多换几次凉白开。在过去都是用井水，夏天的井水是很凉的，这样过水的米饭非常凉爽，再就上拌的咸菜，吃起来非常惬意。咸菜也很有讲究，是老咸菜疙瘩，切成细丝，把青尖椒也切成细丝，放上香菜，浇上酱油、醋，滴上香油，那真是一种美味。二伏的面也很有说头，很多人认为二伏的面是凉面，但实际上过去的老北京吃的是热汤面。虽然二伏天气很热，吃热汤面后大汗淋漓，但能够使人把汗出透，出透汗后人会更感觉到舒服。

老北京常吃的面有以下几种。

1.老北京炸酱面：先把面和得很硬，擀成薄片，折叠好后切成条，放锅里煮熟后，捞出直接盛碗里，拌上炸酱。真正的老北京人管这种吃法叫"锅挑"。老北京的炸酱更有讲究，用料有猪五花肉、黄酱、葱、姜、料酒。把五花肉切丁，锅里放油，放姜末、葱末，煸香后，放入切好的五花肉，煸炒至"断生"后，倒出锅备用。锅内重新倒油，油热后放入葱末，煸香，倒入调好的黄酱，等黄酱开锅后，倒入煸好的肉丁，继续炒制。炒制20～30分钟即可。在临出锅时，再次放入姜末、葱末，这样的炸酱更香。为什么要把煸好的五花肉盛出来呢？是因为如果直接把调好的黄酱倒入五花肉上，凉黄酱就会把热五花肉给"激了"，肉就会变得很硬，甚至会跟"石头子"似的，吃的时候口感很不好。炸酱面的菜码也很有讲究，夏季有芹菜末、小水萝卜丝、黄瓜丝、青豆、大豆、绿豆芽等。到了冬季主要是焯好的白菜丝、绿豆芽、心里美萝卜丝、青豆、大豆，但是都要就着大蒜吃。

2. 老北京打卤面：也叫"抻面"。抻面很有技术含量，是把一根面，抻成细如游丝，中间不能有断条。抻面时叫"把"，是折几把的意思，技术越高，折的把就越多。打卤有用鸡汤、鸭汤、大棒骨汤的，但一般家庭多用清水。打卤的食材主要是白肉片、木耳、黄花、鸡爪菜、口蘑、鸡蛋，用淀粉勾芡。

3. 老北京凉面：也叫过水面，是把面条煮出来后，放到盆里用冷水过凉，浇上调好的麻酱，放上菜码，就着蒜吃。调麻酱在北京叫"解麻酱"。就是把芝麻酱倒在碗里，放适量的盐，倒入凉白开，水要一点儿一点儿地加，边解边加，如果一次水多了，麻酱就"落"了，也就是说解好的麻酱会酱水"分家"，也就是酱是酱、水是水。菜码都是时令蔬菜，一般是黄瓜丝、小水萝卜丝、芹菜末等，很少用绿豆芽。

4. 老北京热汤面：一般是先在锅里放适量的油，用葱花炝锅，放入蔬菜煸炒，加酱油、盐调味，放水。水开后放面条，面条煮熟后即可。老北京人一般选择大白菜、西红柿作为煸炒的蔬菜，如果选择菠菜，那就要后放。

大暑时节养生粥

姜丝小米粥。

大暑时节养生汤羹

绿豆汤。

大暑的民俗饮食

水饭。

南防暑湿，北防中暑：大暑节气的养生也很重要。大暑节气是我们国家最热的时期，是不分东南西北的。大暑节气的养生法则，主要是防中暑，防暑湿，有"南防暑湿，北防中暑"的说法，还要防暴晒。在饮食上要多选择一些有清热、降火、祛湿功效的食物，如牛肉、薏米、藕、鱼类、绿豆、青菜、瓜果等。有一道很好的美食，用薏米炖牛肉，时间要长些，每周吃两三次，有很好的祛湿效果。大暑养生还要保证足够的睡眠，避免久在空调环境内工作和休息。要适当地出汗，不可贪凉，应限制冷饮等。

二、地理老师有话说

冷在三九，热在中伏：在我国，每年的大暑节气，一般是在二伏（也叫中伏）里面。民间有"冷在三九，热在中伏"的说法，也就是说，每年到了大暑或中伏时节，我们便迎来了一年当中最热的时期。日均气温达到年内的最高值，所以大暑的天气也被称为酷暑。大暑时节也是多雨的时节，酷暑加上雨后的闷热潮湿，导致无论南方地区还是北方地区的人，到了大暑节气，都会感觉到闷热难熬。即使是在北方，到了大暑节气，空气中的相对湿度有时都会达到80%以上，身体有汗发不出去。在南方，人们会感到呼吸困难。在北方，天晴的时候，烈日高照，暴露在外的皮肤很快就会被晒红或晒黑，甚至脱皮。老人、儿童是中暑的高危群体，户外工作者更容易成为酷暑的受害者。大暑时节，马路上（公路）的最高温度有时能达到近50℃。特别是近些年，暑期的温度一年比一年增高，雨水也是一年比一年减少，更加剧了北方的缺水。这对环境的影响是很大的，对动植物也是有很大伤害的。在我国的新疆地区，到了大暑时节，地表温度更是达到60℃以上，就像《西游记》里孙悟空踢翻了太上老君炼丹炉一样，而新疆的"火焰山"简直就是我国高温地区的代表。

三、生物老师有话说

头伏萝卜，二伏菜：过去，到了大暑节气，在我国的南方地区，各种农作物的种植仍然是一如既往，不会受到影响。而在北方地区，特别是北京的周边地区，主要是种植大白菜，所以有"头伏萝卜，二伏菜"的说法。"二伏菜"就是指种植冬储大白菜，也是北方地区人们在过去最重要的过冬菜。过去，如果大暑时节不能种上大白菜，那么人们在整个冬季，甚至是春季都会吃不到一点带叶的蔬菜，那将对人们的生活及生存健康产生极大的危害。20 世纪 70 年代初，在京津地区，由于大暑的时候连降大雨，而且持续的天数很多，因此，二伏没有能够适时地种上大白菜，最后造成了京津两地在接下来的冬春季节缺少蔬菜吃。虽然从外埠调了些大白菜和萝卜，但平均到每家每户也是很少的，只能靠咸菜维持生活的，这说明了适时种植农作物是多么重要。当然，现在不同了，蔬菜一年四季什么时候都能种，想什么时候种就什么时候种。但是，从健康、营养学上讲，人们还是选择应时应季的食物比较好。在二伏里，除了种蔬菜中的大白菜，还可种植荞麦。荞麦的成熟期比其他秋粮作物要短些，产量也不是很高，但是荞麦皮在我国广大民间的使用具有悠久的历史，是家家户户做枕头的填充物，即使在科技发达的今天，用荞麦皮制作的枕头也没有退出市场。

小知识

在正常的年份里，小暑之后、大暑之前也正是进入伏天的开始，也就是每年的初伏。中伏也在大暑前后，所以大暑前后有两个伏天。在老北京人伏天的饮食里，有"头伏饺子，二伏面，三伏烙饼摊鸡蛋"的传统吃法。无论是头伏的饺子还是二伏的面，老北京人都离不开吃蒜，甚至三伏里面的摊鸡蛋也有用青蒜摊的，所以今天就讲个大蒜的故事。

传说在很久以前，有一家人，丈夫常年在外做事，家里留有媳妇和媳妇生的儿子，还有前妻留下的一个儿子。

有一年，到了大暑时节，地里种的瓜已经开始陆续成熟了，种的大蒜也可以吃了。在农村，在这个时候是需要人去看守的，防止外人偷摘，这种做法在农村叫作"护青"。女主人考虑叫两个儿子去看守自家的农作物。想来想去，觉得叫自己的亲儿子去看守瓜地好，熟的、甜的瓜，儿子想吃多少就吃多少；大蒜辣辣的，谁又能吃多少！于是，她就叫自己的亲生儿子去瓜地看守瓜，叫继子去蒜地看守蒜，前提是都不提供其他的食物。两个儿子各自领了任务去看地，到了秋后，地里的瓜也采摘卖完了，大蒜也"起"完卖掉了，于是两个儿子回家了。

　　两个儿子进门后，女主人看见自己的亲生儿子骨瘦如柴，而继子白白胖胖的，很是纳闷。原来亲儿子只能以瓜来充饥，继子因为生蒜太辣，没法食用，于是就把大蒜放到锅里煮熟了再吃，这样吃就不辣了，经过一个夏季的食用，变得又白又胖。后来这个事情也被传了出去。由此可以看出，大蒜可以养人。

第二节　劳动课

　　到了大暑节气，学生可以去果园参加劳动。在这个节气里，葡萄已经结果，正是"上糖"的时候，学生可以把葡萄架底下的杂物清理干净，地表不能有灰土。如果有灰土，下雨时雨水落在灰土上，溅到葡萄珠上，就会出现硬

大暑谚语

六月不热，
五谷不结。
大暑到立秋，
积粪到田头。

伤，这正是地上的菌造成的。葡萄是喜欢干净的，因此，给葡萄浇的水也要干净。

学生还可以给葡萄串套上纸袋防虫。除此以外，还可以给葡萄"疏果"，把烂的摘下来，不然会影响其他葡萄的生长。给葡萄套袋或"疏果"时，不能把葡萄珠外面的白霜弄掉，葡萄带霜也是"上糖"的一种表现。

清扫葡萄园

给葡萄套袋

劳动评说

葡萄好吃用处多，可以晒成葡萄干，还可以酿酒。深色葡萄皮花青素含量高，可以抗炎，葡萄籽含有丰富的氨基酸、维生素及矿物质，能抗氧化。唐代孙思邈《千金翼方》中还记载："葡萄，味甘，平，无毒。主筋骨湿痹，益气倍力，强志，令人肥健耐饥，忍风寒，久食轻身，不老延年，可作酒，逐水，利小便。生陇西五原敦煌山谷。"葡萄上面的白霜是葡萄本身分泌的糖醇类物质，被称为果粉，对人体无害，而且是葡萄新鲜的表现。由此可见，通过实际的劳动也可以学习一些农业、生物常识，还能增加一些生活经验。

第三节　营养课

杏仁豆腐

原料：牛奶1袋，水500克，杏仁粉10克，琼脂5克。

制作：将琼脂洗净，泡透，熬化后加入杏仁粉，倒入鲜奶里调匀，再倒入小碗，凝固后，用餐刀切成斜块，放入冰箱，凉后浇上糖水（顺着碗边浇），然后撒些切好的罐头或西瓜、草莓或其他水果都可以。

营养评说

杏仁豆腐是我国江苏省的一道传统特色名点，满汉全席中便有此菜。其用甜杏仁磨浆后加水煮沸，待冷冻凝结之后切块而成，因形似豆腐而得名。制作杏仁豆腐的手法很多，因地区不同而各有千秋。

杏仁有"坚果之王"之称，可以提供丰富的维生素E、膳食纤维、单不饱和脂肪酸、优质蛋白质，还有钾、镁、锌、铁等矿物质，有一定的补肺作用。正确食用杏仁，能够起到生津止渴、润肺定喘、滑肠通便的作用，但过量服食不明杏仁（无论是苦或者甜）都有可能会引起中毒，故在食用前必须先在水中浸泡多次，并加热煮沸，确保安全。

第十三章

立秋

公历每年
8月8日前后

太阳到达黄经135°时
为立秋

秋至见丰　五谷养生
肉食进补　量力食之
勿忘蔬果　食谷主食
立秋之日凉风至

按照现代气候学划分四季的标准，下半年连续5天日平均气温稳定降到22℃以下为秋季的开始。立秋过后，秋高气爽，月明风清。气温也逐渐下降，每年最热的时期就要结束了。但俗语说："秋后一伏热死人。"立秋是雨季的第二个节气，雨季的四个节气中大暑与立秋是暑湿合伙肆虐的时候，又闷热又潮湿。

　　入秋之后，人体经过炎热夏季的消耗，脾胃功能下降，肠道抗病能力减弱，稍不注意就可能会发生腹泻。另外，由于气候温润潮湿，特别适宜蚊子滋生。因此，初秋也是蚊媒性传染病的高发季节。所以日常生活应注意祛湿，调理脾胃，滋阴润燥，注意饮食卫生，加强体格锻炼。饮食上可以经常选用鱼、瘦肉、禽蛋、豆腐、奶制品等低脂肪高蛋白的食物，也要适当补充新鲜蔬菜和水果，如山药、莲子、冬瓜、黄瓜、海带、苦瓜、莴笋、茄子、西瓜等。

第一节　节气课

一、健康老师有话说

贴秋膘，但要节制：立秋，在我国有"贴秋膘"的民俗，也就是到了立秋这天，无论家里是穷还是富，都会炖肉，在北方更是盛行酱肉和酱肘子。如今，"贴秋膘"时也要注意自己的体质，因为现在的人们各种食物充足，绝大部分的人是不缺乏营养的，所以"贴秋膘"也是因人而异。

"贴秋膘"时常吃的肉主要是猪肉，在酱肉、炖肉上也有很多的讲究。在北方，还有两种民间常见的酱肉，一个是"酱方子肉"，另一个是"酱肘子"，做法比较相似。老北京人也有在立秋这天用烙饼卷猪头肉的吃法。

在我国的民间广泛流传着一种说法，叫作"秋后算账"。对这个说法有两种解释：一种是正面的解释，意思是说，到了秋后，是钱、财、物收成的时候，看看自己一年的收获有多大；另一种是负面的解释，是指算算别人欠你的，这种欠是多种的，可能是钱，也可能是债、情、礼、仇等。总之，秋对人们的影响是很大的。

立秋后的养生主要是祛湿，调脾胃，如拔火罐、刮痧，为的是把一夏天的湿热、暑热排出体外。在饮食上，要补上由于暑热天气不爱吃饭而造成的身体亏损，可以选择些不易上火但又有营养的食物，如瘦肉、鱼、蛋、豆腐、青菜类和青玉米等，瓜类和水果也是很好的选择。但是，无论什么食物，都不能不加节制地摄取，一定要根据自己的实际情况，选择适合自己的食物，选对食物是很重要的。

立秋养生汤羹

　　鱼腥草汤（鱼腥草、冰糖、梨）。

立秋民俗饮食

　　栗子焖肉。

　　防鼠疫：鼠疫是鼠疫杆菌借鼠蚤传播为主的烈性传染病。通常情况下，鼠疫分为两大类：一类是腺鼠疫，另一类是肺鼠疫。腺鼠疫是在潮湿的区域产生和传播的，到了干燥的区域会自己灭亡。腺鼠疫是通过接触传播的，如直接接触到疫鼠或接触到疫鼠碰过的东西及粪便等，都会使人感染鼠疫。腺鼠疫主要发生在我国的南方区域。而肺鼠疫可以在干燥的环境下传播，主要依靠飞沫传播。当人们吸入带鼠疫病菌的空气后，就会感染上鼠疫。这种鼠疫的危害性要远远大于腺鼠疫。如在 1644 年发生在我们北京的鼠疫，就属于肺鼠疫。这场鼠疫的暴发，使当时京城死亡的人数以万计，这场鼠疫也是导致李自成失败、灭亡的直接原因。因为当时守卫山海关的吴三桂叛变，引清军入关，李自成派出京城大批军队前往山海关迎敌作战。但是军队刚到前线，甚至还没有到达前线，在中途的路上就有成片的人病倒和死亡。因此，清军没有费力就打到了京城，李自成战败亡国。肺鼠疫的病菌很怕潮湿闷热，所以当到了潮湿的季节，肺鼠疫就会自行灭亡。

这就是灾后为什么要灭鼠的原因，老鼠是很聪明的一种动物，它的基因与人类高度相似，但对人类的威胁也很大。鼠类是一种繁殖极快的动物，自身的免疫力很强大，无论是在多么恶劣的环境里都能够生存，而且鼠类从不生残疾后代，还会计划生育，能够预测出来年农作物的收成。如果第二年的农作物丰收，那鼠类会繁殖得多；如果第二年农作物歉收，那么鼠类就会繁殖得少。灭鼠的工作是非常艰巨的，而秋季也是灭鼠的最好时候。

二、地理老师有话说

谨防泥石流和其他自然灾害：立秋在我国的广大地区只能算是农时的立秋。在日常生活中，特别是在气温上，并没有实质性地进入秋季。因为多数的立秋还是在伏天里，所以根本谈不上立秋后就会凉快。

在我国，特别是北方，如北京地区，一直有"未曾暑伏先暑伏，未曾立冬先立冬"的说法。意思是说，还没有进入暑伏天气就已经很热了，还没有到立冬天气就已经很冷了。但是就没有"未曾立春先立春，未曾立秋先立秋"的说法，也就是说，即使立春了，天气仍然是很冷的；即使立秋了，天气仍然是很热的。尤其是现在，有两个中伏的年景比较多，伏天的时间长，如果再加上"晚"立秋，则立秋对天气的影响就更微小了，该热还是照样热，该闷还是照样闷。只有在立秋后，随着时间的推移，气温才会逐渐下降，人们才能体会到立秋后天气的凉爽、身体的干爽。

立秋后的雨水仍然是很多的，大地经过一个夏季的雨水后，大部分土壤水分已经饱和，土壤已经被水泡透、泡松了。所以立秋后的多雨、大雨、连续的降雨是造成泥石流的主要原因，是许多自然灾害的诱因。秋季的泥石流和其他自然灾害要比其他季节的灾害严重得多，特别是对即将收获的农作物更是致命的伤害。因为在这个季节，无论什么作物都是不能再补种的。秋季的泥石流和洪水也会使鼠疫传播的风险加大。

三、生物老师有话说

万物结籽：立秋的最大受益者是动植物。立秋后，在农业上有"万物结籽"的说法，意思是说，到了立秋后，所有的秋作物都会结籽。这个时候，农民应该施肥，保证肥水的充足，这样才能保证作物的籽粒饱满。秋季的农作物是一年中最重要的作物，种类最多，产量最高，是国民经济的基础，是保障人和动物生存的生命线。在我国的广大农产区，秋季的农作物主要有水稻、谷子、玉米、高粱、荞麦、莜麦、薏米、紫米、黑米、大黄米、糯米等。因此，秋季是"食之源"。

立秋后，动物开始长毛准备过冬，冬眠的动物要开始储存身上的脂肪了，所以立秋后动物的进食量会加大，这个时节是动物争抢领地和食物的时候，也是动物繁殖的又一个高峰期。过去，到了立秋，人们就有了盼头，盼着有个好的收成。除了自己吃，更希望能够多卖些"余粮"，以便添置衣物、修房盖房、打制家具、娶媳妇、聘闺女。立秋在过去是广大农村人的寄托，立秋虽然对天气的变化影响不大，但对人们的影响是很大的。

小知识

五花肉含有锌、硒、镁、锰、磷、钙、钠、钾、铜、铁、胆固醇、核黄素、硫胺素、维生素A、维生素E、蛋白质、烟酸、脂肪、糖类等，是目前肉类中含营养素最多、最丰富的。

第二节 劳动课

在北方地区，到了立秋节气，植物就该"打籽"（给籽）了，农作物也就到了最后的生长阶段。立秋以后，水稻、玉米、高粱等大秋农作物到了追肥的最紧要关头。这个时节的肥水是否跟得上，决定着大秋作物的产量。

这个时期所有大秋农作物追加的肥必须是有机肥，不能使用化肥，因为化肥是催苗的，促进生长的，也就是促使长高的。这个时候的水稻一般是不用施肥的，因为水稻生长在水里，主要靠底肥，在插秧前施足够的肥，在长高时撒化肥。而玉米、高粱等大秋农作物，在这个时候是要追肥的。追肥的农活也比较简单，只要把农作物行与行之间豁成沟，把有机肥埋进去、浇上水就可以了，主要的农活是运送肥料。这时候的玉米、高粱已经长到一人高了，车开不进去，只能用人往里挑或两个人往里抬。两个人抬是距离比较远的，一个人挑是距离比较近的。过去有"远装筐，近抬抬儿（抬抬儿指两个人抬一个筐）"的说法，这也是偷懒的一种方式。因为路远，只要把筐装实，"抬抬儿"的人暂时回不来，干活的就可以多歇会儿；如果是近处，就"抬抬儿"。抬走一筐很快就会回来，装筐的就得装一会儿了，抬筐的就可以站在那等着，也就是能歇会了。高中生抬抬儿，装筐，以及用锄头豁沟都是没有问题的。

豁沟，浇水

装筐运肥

施肥要讲究方法和时机，不足会导致植物营养不良，不利于生长；过多又会烧苗，过犹不及。因此，要依据农作物的不同生长阶段和情况，合理追肥，对症追肥。对植物是如此，对人更是如此，就像东汉时期张仲景说过的"观其脉证，知犯何逆，随证知之"，要具体情况具体分析，采取合理的方式。

第三节　营养课

"贴秋膘"的炖肉

1. 到超市买上好的五花肉，请售卖师傅帮助切成寸方块。

2. 到家后把肉放在凉水里浸泡，要换几次水。把肉控干水分后，放一把面粉进行揉搓，然后用凉水洗干净，这样可以有效去除脏东西和腥味。然后放在通风处晾干水分。

3. 锅里倒入适量的水，把大料（八角）、桂皮、小茴香等放在布上包好放入锅里，再倒入生抽、干黄酱适量，五香粉、葱白兑上老汤开始熬制，等到调料的味道完全释放出来后，把五花肉放入浓汤，这样炖出来的肉浓香味美。

立秋是很重要的节气。"民以食为天"，人们当然不能忽略吃，很多地方都有立秋"贴秋膘"的习俗。一些地方还在立秋这天以悬秤称人，然后与立夏时的体重对比，体重减轻叫"苦夏"。那时人们对健康的评判，往往是以胖瘦为标准。瘦了当然要"补"，所以叫"贴秋膘"。旧时能滋补的当然首选吃肉，"以肉贴膘"。

现在人们生活富足了，夏天有空调房，体力的消耗已不大，能量往往处于过剩的状态，所以"贴秋膘"这一习俗，还应该根据自己身体的实际情况来看，毕竟贴膘容易，减肥难呀。

第十四章

处暑

公历每年
8 月 23 日前后

———

太阳到达黄经 150° 时
为处暑

处暑禾田连夜忙
暑去寒来接富贾
风调雨顺保五谷
农家户户接五福

处暑前后，我国中部、东部和南部的广大地区，日平均气温仍在22℃以上，白天天气热，早晚凉，昼夜温差较大，空气干燥，草木开始变黄，寒气开始袭来。俗语说："谷到处暑黄，家家场中打稻忙。"处暑正值秋天收获的时候，此时人体也处于收获的时期，身体由活跃、消耗的阶段，过渡到沉静、积蓄的阶段。

处暑是雨季的第三个节气，暑热开始减弱，但湿气还是很重。日常生活中，应注意适当运动祛湿，滋阴润燥，要保护好在秋季活跃的肺气。另外，由于秋天是燥气当令，在饮食方面应该注意少吃一些辛味食物，如大蒜、大葱、生姜、八角、干辣椒；多饮水，多选择一些新鲜应季的水果和蔬菜及对人体有滋润功效的食物，如苹果、橙子、柚子、枇杷、菠萝、雪梨、百合、萝卜、西红柿、茄子、土豆、芝麻、糯米、蜂蜜、酸奶等。

第一节 节气课

一、健康老师有话说

食物最丰富的时候： 在我国，到了处暑以后，各种农作物开始陆续地成熟。青玉米可以掰下来煮着吃了，白薯也可以挖出来食用了。玉米和白薯是我国的两大高产作物，是过去人们的看家食物，是能够顶起农作物半边天的作物。我国有四大高产、主产的农作物：冬小麦、玉米、水稻、白薯。四大农作物支撑着我国的整个农业和人们的口粮，所以我们应该珍惜粮食。此外，处暑也是蔬菜、水果的丰收时节。因此，人们的餐桌上是极其丰富的。

我国的处暑节气是在农历的七月份。农历七月正是吃螃蟹的时候。在民间有"七尖八圆"之说，因为雄螃蟹的脐是尖的，雌螃蟹的脐是圆的，每年的农历七月份，雄螃蟹最肥，而到了农历的八月份，雌螃蟹最肥，蟹黄也最满。我国最早吃螃蟹的年代，据说是秦朝，在修建万里长城的时候，开始有人吃螃蟹。也有说是在汉朝，《汉武洞冥记》中记载汉武帝是第一个吃螃蟹的人。还有人说是从大禹治水时开始吃螃蟹的，巴解是第一个吃螃蟹的人，而且当时把螃蟹称作"夹人虫"。无论哪种说法，只能说明在我国吃螃蟹有很长的历史了。中国食材选择的历史始于夏代，因为在夏代，无论是"天上飞的"，还是"地上跑的""水里浮的"，人们没有不吃的，所以吃螃蟹始于夏代也有可能。在我国，吃螃蟹是很有讲究的，单说工具，就有"蟹八件"。

接下来，我们讲一讲抓螃蟹吧！20世纪70年代以前，人们抓螃蟹的方法有钓螃蟹、摸螃蟹、掏洞抓螃蟹、照螃蟹和敲螃蟹等。

钓螃蟹

我们都知道钓鱼要有鱼钩，但钓螃蟹却不同。钓螃蟹是不用钩的，是直接把肉食（小肉块）绑在绳上，扔进螃蟹经常活动的水域里，看到绳上的浮漂上下抖动时，就可以提竿了。螃蟹的螯（夹子）夹住食物是不撒开的，所以很容易钓上来。

摸螃蟹

人下到有螃蟹的水沟里，直接用手在水里摸螃蟹。但如果水是流动的，那人就得逆着水的流动去摸。因为螃蟹是顺着水走的，所以民间有"顺水的螃蟹，逆水的鱼"的说法，如果人顺着水去摸，是永远追不上螃蟹的。摸螃蟹的水不能太深，以在人的膝盖以下为合适。摸螃蟹比钓螃蟹的收获要多，但是在摸的时候容易被螃蟹夹手夹脚。如果被螃蟹夹住了，越是甩，它夹得就越紧，这个时候应该把被夹住的手或脚放到水里别动，螃蟹会迅速地松开螯逃去。

掏洞抓螃蟹

螃蟹的洞一般是在河的两边，水位下降后会露出洞口。洞深半米左右，洞的宽度能容纳一只胳膊，把手伸进去就能抓住螃蟹，但也容易夹手。用这种方法抓螃蟹收获会更多，更有保证。

照螃蟹

照螃蟹比较有意思，也省事。就是在夜里，到水稻田边，拿个大口袋，把口袋底拆开个口子，在口子里面放一只打开的手电筒或电池灯，再把口子用东西压住，把口袋口用木棍支开，人要躲远些，不能有动静。这时候，螃蟹就会爬进口袋，而且越爬越多。因为螃蟹追亮，等口袋里的螃蟹达到一定的数量时，要迅速地把袋口用绳绑死，再把口袋底的压物拿开，把灯拿出来，把口子绑上，这就可以了。所以照螃蟹很轻松，也很安全。

敲螃蟹

在皓月当空的夜里，螃蟹都会爬上岸来"照月亮"。所以敲螃蟹更有意思、更省事、更直接，收获最大。敲螃蟹实际上也叫捡螃蟹，做法也最简单，就是在月光明亮的时候，来到水田边，如果月光不够亮，可以再放一盏灯。过一会儿，螃蟹都会爬上岸休息，这个时候人们可以放个大鞭炮或猛烈地敲锣，当螃蟹听见震响后，会迅速地往洞里钻，由于响声来得突然，所以很多螃蟹会钻错自己的洞。螃蟹的习性是每个洞只有一个螃蟹，即使是一雌一雄也不能同住一个洞，它们的交配也是在洞外进行的，自己的洞不能叫别的螃蟹进入。因此，当听见巨响后，螃蟹会昏头昏脑地乱钻，见到洞就钻。这时，一个洞里可能会钻进两只或多只螃蟹。当螃蟹钻入同一个洞后，会相互用螯去夹对方，而且是越夹越紧，谁也不松开，并且一定会"打"出洞外，爬上岸来。这时，即使见到人也不会松开螯，人们这时候就可以开始捡螃蟹了。一捡就是两只，甚至三只，把捡到的螃蟹放进铁桶里，因为铁桶光滑，螃蟹进去不容易跑出来。

在过去，螃蟹是被农民当作害虫的，因为它在水田里会糟蹋水稻，如果螃蟹多，会使大片的水稻被毁掉。螃蟹既吃小鱼虾，也吃农作物。所以人们抓螃蟹，一方面是为了吃，另一方面也是为了保护庄稼。

处暑的运动方式

晨跑，打太极拳，做瑜伽，做操。

处暑时节养生粥

小米、玉米、南瓜、大枣。

处暑时节养生汤羹

冬瓜丸子汤。

处暑的民俗饮食

黄馅梅花酥（南瓜、红薯、山药）。

以祛湿滋阴健肺为主： 到了处暑，人们的体质由于气候的变化也会发生改变。在我国的北方，空气由潮湿转向干燥，人们的体质也开始由阴转向阳，转向肺热了。因此，到了处暑，北方的人们应该滋阴养肺，补充"肺气"。因为冬春是北方人易患呼吸系统疾病的季节，所以必须要在处暑时期开始补肺养肺，预防在先。因此，处暑也是中医"未病先防"的时候。在北方，人们可以选择梨、百合、萝卜、西红柿、苹果等食物。在我国的广大南方地区，到了处暑，天气的变化不会太大，湿气不会有丝毫减少，所以人们还是应该以祛湿滋阴健肺为主，应该多吃蟹、橙子、柚子、菠萝、芝麻、糯米等食物。

二、地理老师有话说

学生要开始"耕耘"了，农民却要准备收获了： 处暑时节，我国大部分地区的温度都是下行的。在北方地区，进入处暑后，气温虽然有时还比较高，但一般也只出现在中午前后。清晨和夜间相对要凉爽很多，至少夜里能够好好睡觉了。到了处暑，降雨还没有明显减少，闷热的天气也还没有完全退去。特别是在我国的南方，闷热的天气还是会继续保持一段时间。在每年夏秋交际时期，台风频繁光顾我国东南沿海地区，会给沿海地区的交通、道路、民房、建筑、农作物、渔业等带来极其严重的损失。到了处暑时节，我国南方的气温变化不会太大，农作物也不会发生变化，该长还长，该绿还是绿的。但是在我国的北方，特别是东北地区，早种的农作物有的会开始发黄。所以，在气候方面，我国南北方的差异是很大的。到了处暑，我国大、中、小学的学生也即将结束暑假，新的学年就要开始，有孩子上学的家庭开始忙碌了。因此，处暑时节虽暑气未退，但人们的忙碌却开始了，学生和农民形成了鲜明的反差，学生要开始"耕耘"了，农民却要开始准备着收获了。

生物老师有话说

　　动物"儿孙满堂"的时候：处暑时节，在我国的广大南方地区，农民们的劳作更加繁重了。因为南方的农作物是一年两熟或三熟，也就是说在同一片土地上，一年能种两次或三次的农作物，所以到了每年的处暑，正是收获第一或第二茬农作物，种植第二或第三茬农作物的时候。因此，劳动的力度会变得更大。而在我国的北方，到了处暑，一般很少再种植农作物了，特别是在东北，就更不用种植了。所以北方的农民到了处暑以后，就期盼着老天爷风调雨顺，到了秋后有个好的收成了。在北方，到了处暑时节，有的庄稼就能够预测出收成了，所以北方的处暑，在过去也是农民喜忧参半的时候。

　　到了处暑，也正是家畜开始准备交配和繁殖的第二个高峰期，特别是猫狗类动物。我们都知道，每年农历的二月、八月是"闹"猫狗的月份，也就是发情期，是开始交配的月份，其他动物也有不少是如此的。春天繁殖的小动物，到了处暑以后，基本就长成半大的了，有的已经长成大动物了，所以处暑也是动物"儿孙满堂"的时候。

第二节　劳动课

　　在北方，到了处暑节气，大秋的农作物开始变黄，也就是越来越成熟了。这时，农家就要忙着把打下的粮食装起来的工作了，主要是围粮囤：

　　1. 找地势高、通风好的空地。

　　2. 在空地上画个圆圈，大小根据储存粮食的多少而定。

3. 在选好的地方圈一圈砌砖，围垛子。垛与垛之间要留有空地，供通风排水用。

4. 在砖垛上铺上木板。

5. 在木板的外围立起间隔作用的木头。

6. 在木头内侧围上苇席。

7. 在粮囤内，底部的木板上也要铺上苇席。

8. 上面暂时盖上帆布。

9. 粮食打下来晾干倒入囤中。

10. 粮囤的上面盖上苇席，必须是尖顶的苇席，再从上到下铺上草，用绳子绑好，下雨时，雨水会顺着坡往下流。

砌砖垛

围立木头

粮囤就是某种形式的粮仓。我国粮食的储备和建造粮仓的历史悠久，早在新石器时代，人们便有了存粮的习惯，半坡遗址的窖穴就是很好的证明。古代粮仓的建造形式也各不相同，有的直接挖在地下，有的利用山体建造，还有在地面上建起粮囤。到了近现代，逐渐发展成了砖混结构、钢筋混凝土结构，防火防潮，坚固耐用。《史记》中有："仓廪实而知礼节，衣食足而知荣辱。"仓廪就指粮仓。《黄帝内经》则把脾胃比喻为仓廪之官，很形象地指出了脾胃的生理功能。

第三节　营养课

江米凉果

原料：江米、豆沙馅、果料、橘子。

制作：将江米熟蒸，搓碎，切剂子，按扁，包上豆沙馅。然后沾一层切碎的果脯，摆成圆形，连接处放上橘瓣，中间再放一个红果脯或红樱桃。

凉果是天津的一道传统小吃，黏黏的糯米包裹着各种甜美的馅料，一直深受百姓的喜爱。它其实就是天津版的艾窝窝，因为天津的凉果与北京的艾窝窝，无论在用料还是做法上基本相同，只是天津的凉果不断创新，花样百出，不仅外皮的糯米多姿多彩，里面的馅料也相当丰富。

第十五章

白露

公历每年
9月8日前后

——

太阳到达黄经165°时
为白露

白露身子勿露
免得着凉泻肚

白露时节，晴朗的白昼温度虽然可以达到30℃，但凉爽的秋风代替了夏季的热风，随着气温的下降，空气中的湿气在夜晚常凝结成白色的露珠挂在树叶和草尖上，所以称为白露。

白露是雨季的最后一个节气，湿邪大势已去，这时的湿是夹杂着凉气的。谚语云："白露不露身，早晚要叮咛。"意思是说，天气凉了，身体不要裸露太多，如果不小心感受这种湿邪，是最容易得关节炎、风湿病的。因此，爱美女士在白露时节的下雨天不要光着腿穿裙子。另外，老人在这个时候容易旧病复发，还容易产生悲伤情绪，良好的社会关系和适当的户外活动能减少老人在情绪上的不适。白露时节。在饮食上应注意多喝水，多选择黄色、白色和黑色食物，如玉米、大豆、黑豆、萝卜、白芝麻、冬瓜、白木耳、黑木耳、紫薯、西红柿、莲藕、红薯、秋梨、黑米、黑芝麻等。

在我国，到了白露节气，南方地区的气候、植物还不会有什么变化。但是在我国的北方地区，特别是东北和西北地区，变化是很大的。这些地区主要有三大变化：一是天高气爽，有蓝天白云的日子多了，空气变得一天比一天干燥；二是农作物开始陆续地收获了；三是人们身上穿的衣服开始多了。

白露以后也是人们出行旅游的旺季。春季旅游和秋季旅游各有其特点：春季旅游是赏花，踏青；秋季旅游是赏景，采摘。在北方地区，特别是北京地区，白露以后，真是蓝天白云，而且云是飘游的，自然景观非常美丽，人们的心情也一扫夏日的烦闷，是北京地区难得的一段美好时光。"少女的心，秋天的云"，意思是说，少女的心就像秋天的云那样飘浮不定，一会儿一变，没个准。在我国的民间，到了白露以后，特别是在农村，正是翻修建房的时节。一是因为在白露以后盖的房子干得快，住进人后不反潮；二是因为在白露以后盖房子，以便等到收获粮食和卖掉猪羊后娶媳妇、聘闺女。即使到了现在，无论是城里人还是农村人，从"十一"到阳历年的这段时间也是结婚的高峰期。因为在我国的民间，有"正不娶，腊不说"的说法。也就是在每年的正月（农历一月）不能娶亲，腊月（农历十二月）不能说媒，即不能介绍对象。

第一节　节气课

一、健康老师有话说

祛火润燥：到了白露节气以后，在我国的北方地区，由于湿邪的退去，环境开始变得干燥，人们的饮食习惯和结构也相应地随着节气的变化而变化。所以在北方地区，白露以后，人们要多选择些祛火润燥的食物，如冬瓜、红薯、莲藕、萝卜等。

煮粥的时候，可以将绿豆换为红小豆，随着时间的推移，绿豆的食用量要相应地减少。在粮食上可以适当地多选点大米、黑米等作物。蔬菜上多选些叶菜类和果实类的。白露以后，天气渐凉，人们的胃口开了，食欲会增强，进食量也会增大。因此，合理选择食材很重要，烹饪的方法也很重要。与夏季不同，夏季的烹饪多以凉拌为主，以冷食为主；而白露以后，天凉快了，人们也就喜欢做饭了，所以在家庭烹饪上，炒、炖、蒸、煮、炸等烹饪方式会逐渐地增多。因此，到了白露以后，北方地区人们的饮食花样会多起来。

白露时节养生粥

红薯小米粥。

白露时节养生茶

菊花枸杞枣茶。

白露的民俗饮食

发糕。

北京地区进入白露后，时令水果开始减少，进入淡季。干果和坚果开始逐渐上市，如葡萄干、杏干、柿饼、核桃等。这时候的羊肉也开始上市，民谚说："六月的羊翻过墙，八月的羊尝一尝。"

祛除夏季湿毒，防止秋冬干燥上火：到了白露以后，天气的变化很大，人的体质变化也很大，食欲变化更大，所以应季调养很重要。在北方，到了白露节气后，养生主要是祛除夏季湿毒，防止秋冬干燥上火。既要补充因夏季天热少食造成的体亏，又不能使身体增肥，这才是整个秋季的养生之道。白露是北方地区收获的开始，无论是树上结的，地里长的，水里游的，天上飞的，到了白露以后，都要开始收获了。在南方，白露也是一年里最后一茬农作物生长的时节。我们人也一样，白露以后，主要是"收"的时候，所以要补充食物，滋补体质，增强体力。但是这个时候气候的特点就是干燥，容易使人上火，如果再加上人们不能有节制地饮食，很可能使人肺火上升，影响健康。

二、地理老师有话说

二八月，乱穿衣：在北京地区，有"二八月，乱穿衣"的说法。所说的"二八月"是指农历的二月和八月，所以，白露正是北京农历八月份乱穿衣的时节，这也说明了北京地区的气候变化无常。温度是早上一个样，中午一个样，晚上又一个样；今天是这样，明天就是另一个样，使人们在穿衣上无所适从。

在我国的最北边，到了白露节气，已经有了深秋和初冬的感觉了。如果是在我国的新疆地区，那真是像传说中的"早穿棉袄午穿纱，抱着火炉吃西瓜"了，更说明了一天中气温的变化有多大了。到了白露节气，在我国的北方地区，盛行风向基本完成逆转。白露节气以后，在我国的北方地区，刮风的日子会增多，所以有天高气爽的感觉。自此，北方地区的环境开始变得干燥了。

三、生物老师有话说

植物的叶尖上能看到露珠了：白露节气以后，在我国的南方，农作物照常生长。但是在我国的北方，比如北京地区，到了白露以后，只有属于晚秋的农作物还能继续生长，如秋扁豆、大白菜、胡萝卜、水稻等。这个季节的夜晚和早上，如果能在北方植物的叶尖上看到露珠，说明夜晚和早上的气温已经很低，空气中的水蒸气能够凝结成水珠了。植物的生长也会受到很大的影响。而且，白露节气以后，北方地区的农作物都会相继成熟和收获，核桃就是典型的在白露节气采摘的北方作物。所以在北京地区，白露摘核桃正当时，特别是市场上的文玩核桃，更应该在白露时节采摘。东北地区的农作物，到了白露以后，更要抓紧时间收割采摘了，因为天气说冷就一下子冷起来了。到了白露以后，果实基本都成熟了，除了核桃之外，主要还有梨、苹果、石榴、枣、葡萄、无花果、栗子等，在东北地区有松子、榛子、菌类等。

到了白露以后，北方的动物开始储存脂肪准备过冬了，禽类开始产蛋了，特别是鸡，"休伏"以后，要开始下蛋了，所以这个时节后市场的蛋类价格会下降。肉类供应也开始恢复正常。当然，现在农产品的供应已无季节性可言，所以我们对节气的感受越来越少，对节气的记忆也越来越少。

小知识

白露节气，在老北京最有代表性的活动是摘核桃，所以在北京地区有"白露的核桃"之说，意思是每年到了白露，就可以采摘核桃了。因为到了白露，核桃就长饱满了、成熟了。如果再不采摘，就会自己掉下来。如果核桃掉到地上就会很容易"阴皮"，就是核桃外皮是黑色的，会影响美观，如果是食用的核桃，则容易变质，要是文玩的野生核桃就不值钱了。我国的文玩核桃有很长的历史了，盛行于明代，但从现在出土的文物发现，早在汉代就有文玩核桃了。如果在白露以前采摘核桃，核桃会有"白尖"，表示不成熟，影响品相。在我国，文玩核桃主要产于北京及周边地区，如河北省、山西省、天津市。南方的核桃含水太多，容易裂；东北地区冷得早，核桃不能完全成熟，所以都不适合把玩。把玩核桃也是健体健脑的一种很好的方式，还有静心养心的作用。人在把玩核桃时对手上的经络有按摩的作用，能促进气血运行。文玩核桃有九种手法：掐、捏、捻、滚、蹭、揉、磨、搓、转，这些都是舒筋活血的好运动。

第二节　劳动课

高中生可以学习老北京"豆瓣酱"的制作。

原料：猪皮、胡萝卜、青豆、大豆、咸芥菜疙瘩。

调料：大料、花椒、葱、姜，根据自己的情况放辣椒。

制作：

1. 猪皮去除内侧油脂，洗净，切丁；胡萝卜、咸芥菜疙瘩切丁。

2. 锅内放入凉水，放入肉皮丁，放调料包；等肉皮七成熟时放入咸芥菜疙瘩、青豆、大豆；肉皮九成熟时放入胡萝卜丁。

3. 肉皮熟后，水快干时，先捞出调料包，用酱油调色。

4. 几分钟后，用湿淀粉勾芡。因为芥菜疙瘩是咸的，所以要根据实际情况放盐"找"味。出锅后，既可热吃，也可凉吃。

白露谚语

白露身不露，
寒露脚不露。
白露下了雨，
市上缺少米。

其实现在豆瓣酱随处都可买到，但是自己亲力亲为，从准备原料到做出成品，融入的是自己的一份细心与耐心。吃到亲手做的酱，就明白美好的事物是值得用心和等待的。

第三节　营养课

炒辣子鸡

过去，白露后，自家在春天养的鸡已长到"斤"鸡了，也叫"一把抓"。这时候的公鸡、母鸡会很分明。母鸡留下生蛋，而小公鸡就没有必要多留了，一般是 30 ～ 60 只母鸡留下一只公鸡，剩余的公鸡就要"处理"掉，以减少粮食的消耗，因为鸡是吃粮食的。

这时的小公鸡肉质鲜嫩，一般用作"炒辣子鸡"。

捉鸡

原料

成品辣子鸡

1. 先把小公鸡处理好，鸡血要留着。先在小碗里放点盐，鸡血流进后就凝固了。

2. 用热水去掉鸡毛。

3. 去除内脏，只留下心肝，把鸡切成块。

4. 柿子椒掰成块，喜欢吃辣的可以放入小尖青椒，这时是不放干辣椒的。

5. 锅烧热后放油，放入鸡块炒几分钟后倒入柿子椒块，放盐、少许酱油，再炒几分钟就可以出锅了。

营养评说

鸡肉的蛋白质含量较高，脂肪含量较低。鸡肉蛋白质中富含全部必需氨基酸，其含量与蛋、乳中的氨基酸谱式极为相似，属优质蛋白质。

鸡的脂肪主要在皮上，每100克去皮鸡肉中含有24克蛋白质，0.7克脂类物质，是几乎不含脂肪的高蛋白食品。鸡肉也是磷、铁、铜、锌的良好来源，并且富含维生素 B_{12}、维生素 B_6、维生素 A、维生素 D、维生素 K 等。鸡肉蛋白质易被人体吸收利用，有增加抵抗力、强壮身体的作用。中医学也认为鸡肉味甘，性微温，能温中补脾，益气养血，补肾益精。

第十六章

秋分

公历每年
9 月 23 日前后

———

太阳到达黄经 180° 时
为秋分

秋分秋分
昼夜平分

秋分到了，标志着我们又进入了一个新的气候——干季。这个气候的特点以干燥为主，干季的前期为暖燥，后期是冷燥，而且气温是逐渐变冷。来自北方的冷空气团，已经有了一定的势力。此时，在我国长江流域及其以北的广大地区，日平均气温下降到22℃以下，全国大部分地区雨季已结束，凉风习习，秋高气爽，风和日丽，丹桂飘香。

　　秋分时节，随着秋燥愈加明显，加上万物的萧瑟凋零，人就容易出现失眠或睡眠质量下降的情况。而此时如果不保证好睡眠质量，就会影响气血的"收养"，所以在日常生活中要保证睡眠时间。饮食上要注意滋阴润燥，应该多选择黄色和白色的食物，如小米、玉米、南瓜、百合、银耳、梨、苹果、香蕉、栗子、柑橘、柿子等。

第一节　节气课

一、健康老师有话说

六月羊，翻过墙；八月羊，尝一尝：在过去，秋分时节以后，在我国的北方地区，羊肉逐渐上市了。北京有句老话，叫作"六月羊，翻过墙；八月羊，尝一尝"，意思是说，农历六月的羊不能吃，因为这个时候的羊吃的是青草，羊肉是很膻的，是要扔掉的。到了农历的八月份，秋分前后，地里的青草就少了，特别是产羊区的关（山海关）外、口（张家口）外，天气已经很冷了，草早已干枯，没有草味了，但羊吃了一春一夏的青草，体内的膻味还不能完全消失，所以这时的羊肉，老北京人也只是尝一尝而已。

我们现在市场上卖的羊肉为什么不膻呢？一是在冬季宰杀羊之后，存放入冷库里，什么时候卖，什么时候取；二是现在有很多的羊不是放养的，而是圈养的，是喂饲料的，不吃青草，所以不存在肉膻气的问题。

在我国广大的南方，在肉类的供应上，主要是猪肉、牛肉、禽类和水产品。水产品在南方是不分季节的，每个季节都是很丰富的，所以在南方人的餐桌上，水产品是占绝大多数的。

到了秋分，老北京人开始准备秋装，饮食方面开始增加肉类、蛋类、汤羹类。秋分时节，一般正值我国传统的"四大"节日之一——中秋节。中秋节是我国的重要节日，是不分南北的，即使是在海外的同胞，也是非常重视的。说到中秋节，就不能不说月饼。月饼在我国具有很长的历史，传说在唐代初年就有了，据说是一个商人献给皇帝，庆祝征讨突厥得胜的一种吃食，当时叫作圆饼。

秋分时节养生粥

红枣小米粥。

秋分时节养生汤羹

银耳雪梨羹。

秋分的民俗饮食

月饼。

实际上，远在我国的商、周时期就已经有了月饼，那时叫"太师饼"。到了汉代，因为馅里有张骞从西域带回来的芝麻和核桃，所以叫胡饼。月饼的鼎盛期是在宋代，到了宋代才叫作月饼。在我国，月饼的种类主要有京式、苏式、广式和港式。京式月饼主要以"自来红""自来白"为代表，是典型的五仁月饼，以咸甜口为主；苏式月饼是江苏一带的月饼，主要以甜口为主；广式月饼是广州一带的月饼，以肉类为主；港式月饼与广式月饼没有多大区别。无论哪种月饼，按制作方法主要可分为两种，一种是酥皮月饼，另一种是提浆月饼。现在又有了一种冰皮月饼，始于香港，到现在只有十多年的历史。中秋赏月、祭祀都起源于唐代初年。吃月饼是全家团圆的象征，最好就着粥或茶水吃。

调整睡眠的理想时机：到了秋分以后，北方人们的睡眠应该是比较好了，此时也是调整睡眠比较理想的时机。现在睡眠问题越来越成为影响我国人民健康的一大问题，无论是广大的青少年学生，还是青年人、中年人，睡眠不足的情况是很普遍的。所以到了秋分以后，更应该多选一些有助睡眠的食物，如馒头、奶制品、面包、香蕉等。

到了秋分节气，在北方，由于天气开始逐渐变干冷，空气也越来越干燥，所以这个节气以后，人们会感觉到口干舌燥，肺火上升。因此，到了秋分节气后，在北方，人们应该选择含水分较大的食物来制作饮食，如梨、苹果、南瓜、冬瓜、青玉米、白薯等，而且还要经常吃些润肺的食物，如百合、银耳、木耳、莲子、藕等。在我国的南方地区，到了秋分以后，气温也会下降，空气湿度也会减少，是人们健脾养胃的时节，人们应该适当地选择牛肉、猪肉、薏米、黑米、山药等食物。

二、地理老师有话说

北方秋高气爽，南方风和日丽：在我国，到了秋分节气，秋天就过了一半了。北方已经完全感觉到天凉了；即使是南方，暑热也已经退去了。我们广大的北方地区经过热、闷热、燥热天气，已经进入冷燥，冷空气开始频繁光临。在我国的大多数地区，雨季也先后结束了。此时我国北方秋高气爽，南方风和日丽，所以秋分是我国气候最好的时节。无论在南方还是北方，都是人们出行旅游的最佳时候。但也有例外，北方即使到了秋分后，也有连日下雨的时候，这种连续多日的降雨，老北京叫"秋傻子"，意思是说，这种雨能把人"下傻了"。到了秋分节气，在我国的东北地区，气温就很低了，雨水天气很快就会进入冰雪天气。秋分节气也是我国广大地区的"收干"季节，空气中的湿度越来越小，晾晒的衣服干得很快，打下来的农作物干得也快，很多农作物还没等收下来就已经干得差不多了。秋分时节也是我国建筑的黄金季节，工人在干活时不会再挥汗如雨了，而且施工时干得也快，这个时节建的土木工程质量也最好。我们国家的农历八月十五多在秋分这个节气里，所以也被称为中秋节，有"秋季的一半"的意思。

三、生物老师有话说

　　农作物基本不再生长，可以收割了：在我国，到了秋分节气，北方的有季节性的植物基本都不会再生长了，水稻、高粱、玉米等秋作物已经到了巩固颗粒的时候；谷子类的农作物，到了秋分节气已经可以收割了；蔬菜类的植物，到了秋分节气，地里也只有大白菜、萝卜类、大葱还能生长，其他农作物已经不能继续生长了。如果是在过去，没有室内种植的年代里，北方到了秋分节气后，时令青菜会越来越少。但是在我国的广大南方地区，到了秋分节气，即使在过去没有室内种植的情况下，农作物仍然还会生长，食材供应上还是以时令作物为主，而且还很丰富。

　　动物方面，在北方，到了秋分节气后，开始把种猪、种羊、种牛、种兔等留下来，而把剩余的家畜尽快催肥，再进行宰杀，这样做是为了减少冬天家畜对粮食的需要。在过去，到了冬天，北方人是只保住"种动物"的数量，为的是第二年好繁殖，其余的是用来食用的。而在南方，一般没有这种情况，因为在我国的广大南方，家畜主要是猪。牛是以水牛为主，水牛是干活的，而在南方很少有养羊的。在我国，无论北方还是南方，都是不宰杀马的。到了秋分节气后，禽类可以宰杀，但宰杀的数量还是比较少的，这是因为此时禽类的毛不好处理，不容易拔干净，而且有时皮里也会含着毛根，会影响烹饪和食用。

第二节　劳动课

到了秋分节气，北方的螃蟹已经很肥了，正是吃的时候。除了螃蟹外，河里的鱼也长大了、肥了，可以捕捞了。

农、林、牧、副、渔是我国农业的五大支柱，缺一不可。过去就有"靠山

吃山，靠水吃水"的讲法，"吃水"最主要的就是吃鱼。如何捕鱼，按照大河、小河，水深、水浅，也有很多方法。

1. 大河用的是粘网。粘网一般宽 60～80 厘米，长度不限。有十几米的，也有几十米的，还有上百米的。把粘网往河里一放，可以顺着放，也可以围一个圈，被围在大圈里的鱼，很容易被粘网粘上。渔民划着小船顺着网走，边走边往上提网。有被网粘住的鱼，摘下来就可以了。

2. 撒网。网是圆形的，在网的中间有一根长绳，在网的周围有铅坠。把网平着撒入河里，鱼就会被罩在里面，把网拉上岸，鱼和网就一起被拉上来了。使用撒网的水不能太深。

3. 赶网。赶网是用一根主板弯成大半圆，半圆底下有一根棍，把网绷在上面就可以了。使用赶网的水必须要浅，一般不能超过大腿。人也必须在水里，一只手拿着赶网，一只手拿着一根木棍，木棍底下钉一根约十几厘米长的小圆木。赶网人一只手在水里哄鱼，

把鱼赶入网里，另一只手把网提起来。只要网里有鱼，就立刻把鱼装进口袋里。这种网捕不了大鱼。

4.抬网。抬网是在一块 2 米左右的网的两头绑上与网一样宽的圆木。两个人站在水里边走边用网往上兜鱼。这种网能兜上 1 ～ 1.5 千克大小的鱼。使用抬网的水不能太深。

以上这些工作高中生都能胜任。

捕鱼

抬网

劳动评说

实践过捕鱼的同学会发现，只要提起大网的总绳一撒，所有的网眼就都张开，这就是成语"纲举目张"的字面含义。所谓"纲"就是鱼网上的总绳，比喻事物的主干部分；"目"指网眼，比喻事物的从属部分。纲举目张意指抓住事物的关键就可以带动其他环节，也比喻条理分明。在学习生活中也要抓住事物的主要矛盾，这样随之而来的其他问题也会迎刃而解。

第三节 营养课

⚫ 冰花鸡蛋球（广东风味）

主料： 面粉 500 克，鸡蛋 750 克，黄油或猪油 75 克，清水 650 克。

配料： 白糖 500 克，蜂蜜 100 克，清水 25 克，粗砂糖 500 克，碱水 6 滴。

制作： 将黄油和水一起放入铜锅里烧开，把黄油或猪油化开，再将过箩的面粉倒入沸水里，但要离锅搅拌，烫熟，然后鸡蛋一个一个地加，直到加完搅匀，再把碱水一滴一滴加上。油温 110 ~ 150℃，刚放油锅时，油温要低，胀后加温。

糖浆制法： 糖 500 克，水 250 克，蜂蜜 100 克，熬一会儿即可，浇在蛋球上，然后滚一层白砂糖，形成冰花。

营养评说

冰花鸡蛋球是一款广东风味的甜点小吃，北方的同学可能接触不多。食材中鸡蛋占的比例很高，配上白糖、黄油、蜂蜜，是一款高脂肪、高热能的甜蜜美食。

制作这款美食显然是需要一定经验和功夫的，同学们可以在做好防护（防热油迸溅）的情况下试一试，也可以参考短视频来学习。你的父母和家人如果能吃到你做的美食，一定倍感幸福。

143

第十七章

寒露

公历每年
10月8日或9日
——
太阳到达黄经195°时
为寒露

寒露寒露
遍地冷露

到了寒露，天气更凉了，正是"寒露百草枯"的时候，尤其是在早晚。此时我国大部分地区日平均气温多已降到20℃以下。南方开始享受凉爽的秋风，北方最低气温已达到0℃以下。

寒露是干季的第二个节气，正值秋高气爽，是户外游玩的大好时候。但此时的燥邪开始活跃了，而且当气温低于15℃时，上呼吸道的抗病能力就会下降，再加上秋燥之气明显，多数人会出现皮肤干裂起屑、口唇干燥、咽干喉疼等症状。尤其是从事与讲话有关工作的人群更明显，所以外出游玩时一定要做好防御病毒的功课。另外，由于天气渐渐寒冷，人体血管也开始收缩，因此，应注意预防心血管病，如冠心病、高血压、心肌炎等病的复发。

第一节 节气课

一、健康老师有话说

食物多选甘润、滋阴、养肺之品: 到了寒露节气以后,在北方,由于天气一天比一天冷,人们身体热能的消耗也是一天比一天多。所以到了寒露以后,北方地区的人们应该适当地增加饭量,在保证一定量蔬菜、水果的情况下,应当添加一些温性的食物,如鸡肉,适当地增加热性的食物,如羊肉,但也不能忽视粮食类的食物。还可以选择一些含胶原蛋白比较多的食物,如猪皮、鱼类等,防止皮肤干裂。在我国的南方地区,由于到了寒露节气,天气开始凉爽,湿度下降,人们在这样的环境里,可以选择吃些红肉,用以补充夏季损失的脂溶性维生素及铁元素,也可以消除夏季长时间的湿邪对人体的伤害。

寒露时节,日常饮食应多选甘润、滋阴、养肺之品,如梨、蜂蜜、甘蔗、百合、沙参、麦冬、荸荠、菠萝、香蕉、萝卜等含水分较多的甘润食物。值得注意的是,进入秋季,气候宜人,睡眠充足,此时的身体为了迎接冬天的到来,会积极主动地储存御寒的脂肪,人体会在不知不觉中长胖。所以要注意饮食调节,适量食用一些有消脂减肥功能的食物,如山楂、萝卜、薏米、红小豆、冬瓜等。

寒露时节养生粥

南瓜小米百合粥。

寒露时节养生茶

菊花茶（可配百合、胖大海、冰糖），进入中秋时节，餐桌上的点心、甜食、肉类开始增多，人们开始饮茶。

寒露的民俗饮食

山楂糕。

前不露胸，后不露背，下不露脚：到了寒露以后，健体养生很重要。"寒露寒露防三露"，也就是说，到了寒露节气以后，人们要防"三露"："前不露胸，后不露背，下不露脚。"这也是老北京人的一句名言。这也就是告诉我们，到了寒露以后，就再也不能敞胸露肚，光着膀子，光脚穿凉鞋了。如果这样的话，人是会"落下"病的，而且寒气是会"入骨"的。现在我们身边有不少青年，甚至是青少年，为了追求所谓的"美"和"时尚"，穿衣实在是太短了，真是"上露前胸后背，中露肚脐，下露脚到大腿"，这样的人到了中老年时可能会"落下"一身病的。特别是年轻姑娘，长时间的"三露"，易引发痛经等症状。寒露以后，护住前胸就等于护住肺，护住脖子就等于护住气管，护住后背就等于护住心脏，护住肚脐就等于护住肠胃，护住脚就等于护住肾和胃。即使是生活在我国南方地区的人们，到了寒露以后，也应该做到"三护"，即护头、护肚子（肚脐）、护脚。寒露的这种养生方法，主要目的是预防冬季的咳嗽、胃寒和宫寒，也可预防关节炎和心血管疾病。

二、地理老师有话说

一场秋雨一场寒，十场秋雨就穿棉：寒露节气，是在每年阳历的十月上旬。到了这个时候，在我国的北方，无论东北地区、西北地区还是华北地区，天气都是比较冷的。特别是在东北地区和西北地区的高寒地区，这个时节已经冷得很难熬了。尤其在集体供暖的环境里，因为还没到法定的供暖时间，所以室内的温度会很低，到夜里会更低。我们都知道北京地区"没春秋"，意思是说北京地区春秋季节不冷不热的天气是很短暂的。到了寒露节气，北京的秋天马上就会结束，真正的寒冷即将来临。而高寒地区已经开始有降雪了，所以北方有"一场秋雨一场寒，十场秋雨就穿棉"的谚语。但是实际上，北方的秋季是很少降雨的，在很多年景里，整个秋季也降不了十场雨，而且现在的北方，秋季降雨是一年比一年少。

在我国的广大南方就不同了，到了寒露节气，凉爽的天气才真正开始，正是人们外出活动的好时节，也正是北方的人们来此旅游的时节，所以寒露节气才是南方气候的"天堂"，是人们享受大自然的"天堂",更是人间的乐园。在我国的南方地区,到了寒露节气,阴雨绵绵的天气就会越来越少了,正好适合家家户户建房,在这个时节里建的房子要比在别的季节建的干得快。所以在南方,寒露节气才是黄金时节。

三、生物老师有话说

一方水土养一方人: 到了寒露节气,我国的北方地区已经是百草枯萎的时候了。如果是在高寒地区,早已不见时令植物了。北京地区地里的农作物也是少之又少,即使是最后一茬的秋作物,如水稻、玉米、高粱,也到了该收割的时候了。水果也只有柿子、山楂还能在树上看见,其他如葡萄、苹果、梨、枣等北方的应季水果,也已相继地采摘完了。蔬菜类的植物,在室外种植的也就剩下大白菜、萝卜、雪里蕻、苤蓝等。如果是在过去,到了寒露节气以后,北方人的餐桌上是越来越简单了。在动物类食物方面,在北方地区,禽类和蛋类会是很好的选择。春天孵化出来的小鸡、小鸭、小鹅等都已经长到成年了,离生蛋的时候不会太远,老的鸡、鸭、鹅到了每年的第二个产蛋旺季。水产类到了大量上市的时候,鱼类也到了"解禁"的时候,可以捕捞了。

在南方地区,到了寒露节气,是地里生的、水里游的、天上飞的各种食物丰收的时候。树上的香蕉、橘子、橙子、柚子、槟榔等应有尽有。蔬菜也是极为丰富,最丰富的应属水产品了,我国的南方地区一直是我国最主要的农作物产区,也是水产品的主要来源地,特别是现在交通高度发达,而且又非常便利,为南方的农作物、水产品的外运提供了保障。

其实在我们北京地区也有不少有名的农作物,如密云白城子的苹果,平谷的大桃,怀柔的板栗,房山的柿子、香椿,大兴的西瓜、心里美萝卜、白薯、桑椹等。在我国几千年的饮食历史中，一直提倡"一方水土养一方人"。由于现代社会的发展，这一饮食规律、养生之道早已经被打破了，人们的观念也已经被改变。

小知识

寒露以后，我们在市场上会见到很多螃蟹。在我国，寒露吃螃蟹有着上千年的历史了。那我国都有哪些螃蟹呢？

1. 河蟹：当属北方保定地区白洋淀的河蟹最好，在以前是供皇帝用的。

2. 湖蟹：如阳澄湖、嘉兴湖的螃蟹。

3. 江蟹：如九江的螃蟹。

4. 溪蟹：就是小溪里面的螃蟹。

5. 沟蟹：就是水沟里面的螃蟹。这种螃蟹一般看上去比较脏，吃的时候土腥味比较大。

6. 海蟹：是海里的螃蟹，吃的时候有咸味。因为有海水的咸味，所以减少了螃蟹的鲜味，如果在配菜烹饪时，也会"夺味"。

到目前，我国已知的螃蟹约有六百多种，如青蟹、花蟹、石蟹、面包蟹、红蟹等。但不管是什么蟹，都不能吃死螃蟹。因为螃蟹只要一死，会在瞬间快速地繁殖致病菌，因此，螃蟹一定要吃活的，所以在老北京有"活吃螃蟹，生吃鱼"之说。吃螃蟹时应该配着姜汁吃，因为螃蟹是属凉性的食物，姜是属热性的食物，这样可以凉热抵消。所以在过去吃螃蟹是就着黄酒吃的，也是起到平衡冷热的作用。

第二节　劳动课

到了寒露节气，北方地区的水稻已经成熟了。收割水稻也叫"开镰"。

收割水稻相对比较简单，只要镰刀快就可以。水稻的秸秆比小麦的秸秆柔软，不容易扎手，好操作。

水稻割下后要捆成捆儿。水稻捆成捆儿也有讲究，是用水稻捆水稻，先把水稻割下来，只要能够达到捆好后直径在15厘米左右就可以。

寒露谚语

寒露十月已深秋，
田里种麦要当心。
豆子寒露使镰钩，
地瓜待到霜降收。

1. 取直径足够15厘米的水稻。

2. 取出3根水稻，用稻秆把割下来的水稻捆好。

3. 捆一圈，然后首尾相交拧两圈别入横圈内即可。当绳用的水稻穗要与被捆的水稻方向一致，有利于脱粒。把捆好的水稻穗朝上，立着码成圆堆儿，这也是为了晾晒稻谷，稻穗干了以后更有利于脱粒。

收割水稻

水稻打捆

151

无论是割水稻还是割小麦，一定要把两条腿叉大些，使用镰刀收割时一定要从前往后尽量直着割。这是为了防止用力过猛而伤到腿。无论做什么事情，安全是第一位的。

第三节　营养课

八宝饭

原料：江米 500 克，豆馅、果料、莲子、葡萄干、小枣、瓜子仁、白糖、猪油、桂花等。

制作：把江米泡涨，蒸熟。用一个碗刷上猪油，果料切开，莲子掰开，和葡萄干、小枣、瓜子仁等至少八种料，在碗中摆成放射形花。摆好后，把蒸熟的江米加上糖（如爱吃猪油可加些）倒入摆好花的碗里（一层即可），然后铺一层豆沙馅，再倒入一层熟江米，满后加酒一层。切好的果料再蒸一会，熟后，倒在盘子里，用白糖加好淀粉勾欠，倒入盘里（以防硬）即可食用。

糯米八宝饭是浙江省宁波市的一道地方传统名点，属于浙菜系。八宝饭也似乎遍布南北方各地，过年的时候，不少家庭都会提前蒸好八宝饭，除夕年夜饭一上桌，立刻就有了浓浓的合家团圆的味道。八宝饭多由糯米、豆沙、红枣、果脯、莲心、葡萄干、白糖、猪板油等诸多原料组成。糯米补中益气，红豆健脾祛湿，莲子清心安神，小枣、葡萄干益气补血，健脾养胃，猪板油调味润肠。

一碗八宝饭，承载了满满的祝福和期盼，不仅美味还有滋补的功效。同学们，赶紧动手做起来吧！

第十八章

霜降

公历每年

10 月 23 日前后

———

太阳到达黄经 210° 时

为霜降

到了霜降

日落就暗

一到霜降，天气更凉了，我国北方地区已出现降霜或开始有霜，南方大部分地区平均气温仍然保持在16℃左右。俗话说："霜降一过百草枯。"秋天凋零的气氛会让人黯然神伤，其实换一种心态看看，这只是大自然换了一个妆，虽然已不再像夏天那样繁花似锦，但"霜叶红于二月花"，此时漫山遍野的红叶比花儿还娇艳呢！在我国北方地区，正是外出登山赏红叶的时节。

霜降是干季的第三个节气，是秋冬交接之际，是"多事之秋"的晚秋，天气已由凉转寒了，随着气温的下降，燥邪的加重，人体经络的气血也随着温度的降低而运行缓慢，一些因风寒导致的老病病，尤其是腰腿疼痛会越发明显。因受到寒冷空气的刺激，此时也是胃病的高发期。日常起居应注意保暖及腰腿部的保护和锻炼，饮食上宜多吃健脾养阴润燥的食物，如小米、南瓜、芡实、山药、红枣、花生、栗子、玉米、苹果、萝卜、秋梨、百合、蜂蜜等，可经常食用羊肉、牛肉、兔肉等。

第一节 节气课

一、健康老师有话说

秋扁豆含的皂素、红细胞凝集素要比夏季的扁豆高很多：到了霜降节气，人们的饮食变化也很大。在过去，南方的家庭，餐桌上的食物品种是越来越丰富；北方的家庭，餐桌上的食物品种则越来越简单。老北京地区，到了霜降节气，除了白菜、萝卜、土豆，时令的蔬菜有时会有点"霜打了"的茄子和"猫耳朵"扁豆。老北京人的蔬菜品种本来就是很少的，到了每年的霜降节气以后就会更少了。像现在的丝瓜、空心菜、芥蓝等，在过去老北京人是不吃的，所以老北京人能吃的蔬菜很少。老北京人到了秋季，特别是到了深秋，对秋扁豆的食用也是很小心的，怕中毒，现在我们知道，秋扁豆含的皂素、红细胞凝集素要比夏季的扁豆高很多。还有就是老北京人对食用蘑菇也是很谨慎的，对于鱼类产品，也只是购买常见的几种。霜降节气的北京已是深秋时节，人们远离生冷食物，开始进食温热食物。

霜降的运动方案

爬山，跑步。

霜降时节养生粥

大米、芡实、小米、红枣、莲子。

霜降时节养生汤羹

芡实牛肉汤。

霜降的民俗饮食

山梨面糕。

适量运动，保持健康平和的心态： 到了霜降节气，调整自己的身体也很重要，因为霜降是深秋最后的一个节气，与立冬紧邻，正处在两个季节相交的时候，在北方地区也是食物种类转换的时候。虽然在北方有"春捂秋冻"的说法，但是到了霜降节气，北方的冷空气很是袭人，特别是对老人、小孩和患慢性病的人危害很大。天气由凉转寒，由湿转干转燥，餐桌上的蔬菜由叶菜转成根茎菜，由鲜菜转成干菜等。因此，这个季节也是肠胃疾病的高发期，特别是胃溃疡和十二指肠溃疡。此外，患关节炎等疾病的人也是很受罪的。所以深秋也是人们常说的"多事之秋"，这个"多事之秋"不仅是指

156

健康，还包括很多方面，如盖房装修、打制家具、结婚、准备过冬的棉衣等。在过去，霜降也是开始"盘点"一年收成的时候，如果收成好，就要给孩子说亲、订婚、置办东西。此时也是有钱人放债收债的时候，有债的还债，如果收成不好，到了这个时候还不上债的，就要准备外出逃债躲债了。在过去这时节，开当铺的该忙了，穷人当东西，有钱的人"捡漏"。在过去，此时也是准备过年东西的时候，所以人们的心情五味杂陈。人的健康是受很多因素影响的，主要与饮食、心理、运动有关。今天，物质丰富了，人们要珍惜来之不易的好生活，合理安排自己的饮食，适量地运动，保持健康平和的心态。

二、地理老师有话说

北方季节交汇的两重天：霜降是冬天到来前，秋季的最后一个节气，在我国的北方地区温度下降得很快，室内的温度也很低了，霜降一过，离立冬就不远了。所以在北方地区，霜降节气是深秋最冷的时期。如果是在东北地区，已经结冰了。到了霜降，也就到了北方最后的秋游时期了。过了霜降，大部分的北方人就会选择去南方旅游，因为这个时节是南方地区气候最好的时候，一般地区的温度在16℃左右，不冷不热，而且湿度也会减少一些，人会感到更加舒适。霜降节气是北方季节交汇的两重天，霜降前与霜降后的天气大不一样，在北方的民间有"未曾立冬先立冬"的说法，所以霜降节气就相当于北方地区在真正的立冬节气到来之前的一个"小立冬"。

三、生物老师有话说

东南西北广大地区收获的季节：对于北方地区来说，到了霜降，好像一夜之间就全变了。因为只要进入霜降，北方地区的室外植物就会被"霜打了"，所有植物的叶子上都会结霜，只要植物的叶子一结霜，马上就会蔫，植物就会枯黄。所以在我国有一句形容人萎靡不振的话——"像霜打的茄子一样蔫了"。到了霜降，在北方地区，即使是已经结有果实的农作物，只要被霜"一打"，也会立刻结束"生命"。一些变化比较明显的植物，如山里的红叶、院墙周围的爬山虎等，到了霜降节气，叶子都会马上变红。只有像大白菜这样的作物还能够再坚持10天左右，花卉植物里的菊花还能在室外生长一段时间，其他的植物已经到了该收进室内的时候了。不过，像君子兰这样的花卉，到了每年公历的10月，才是它生长的"春天"。君子兰是在每年公历的10月中下旬换土、施肥，开始进入正常的生长期。到了来年公历的一二月份开花，到了五六月份开始休眠，停止生长。还有像水仙这样的植物，也是比较典型的北方冬季的室内花卉，能够在供暖前比较阴冷的室内环境里生长。

北方地区的禽类到了霜降节气，也都换完毛了，开始准备过冬了，在早春孵化出来的鸡已经可以产蛋了。像猪、羊这样的家畜，最小的也已经长到半大了，能够抵抗0℃左右的低温了。北方地区的蝈蝈、蛐蛐在室外也不能生存了。在我国的南方，到了霜降节气，正是粮、果、菜、鱼等丰收的时节，所以霜降节气是我国东南西北广大地区收获的时节。过去，如果是丰年，这个节气是人们心情最好的时候，西北人的山（民）歌，东北人的二人转，南方人的早茶，北京人的提笼架鸟"侃大山"，都能体现出霜降节气人们的生活气象。

小知识

霜降节气也是广大北方地区晾晒干菜的最佳时期，因为这个时候的蔬菜含水量低，不容易烂，还干得快，干菜收藏起来也不容易发霉。下面介绍几个老北京人制作的干菜和腌菜：

1. 晾小白菜。在过去，到了霜降节气，很多家庭会买些从地里"拣"下来的小白菜，因为这种被"拣"下来的菜很便宜，于是人们买回来直接晾干收藏，主要是为在没有青菜吃时蒸包子、蒸玉米面菜团子用。

2. 晾晒芹菜。晾晒芹菜比较麻烦，要先把芹菜用锅里的开水焯一下，放在绳子上晾晒。芹菜比起小白菜不容易晾干，吃的时候比较有嚼头，主要做馅用，也可以泡软后与肉炒着吃，这在老北京算是上等的冬天菜了。

3. 晾晒扁豆。晾晒扁豆也必须先用开水焯了，然后再晾晒。晾晒扁豆的历史是很久远的，至少有上百年了。干扁豆也主要是做馅吃。

4. 老北京的腌咸菜。老北京的腌咸菜主要有三种：第一种是"老腌"，就是把要腌的菜洗干净，一定要控干水分，用干净的缸，里面放入大粒的食盐、大料、花椒，用开水泡开，等水晾凉了再把菜放进去，上面要压实，每天还要倒缸，这种腌法主要用于腌制萝卜、芥菜疙瘩、雪里蕻等。第二种是用老北京的大酱（黄酱）腌制，主要是小黄瓜、小白萝卜，也叫"酱杆白"等。第三种叫暴腌，是腌制大白菜帮子、小辣椒、香菜、萝卜皮等，也是用开水泡开盐、花椒，晾凉后把菜泡进去，随吃随续。老北京人家里来客人吃饭的时候，桌子上的菜必须是双数，如果实在配不成双数，就用一盘咸菜补上。条件好一点的家庭，最有名的菜是炒酱瓜，从酱缸里捞出来的酱瓜放一点肉丝炒，这是一道非常讲究的菜。老北京人腌制咸菜也是在霜降节气以后进行的，因为这个时节以后腌制的咸菜不容易坏，不容易长"毛"。

在过去，秋后外地产的黄瓜是怎么运进北京的呢？在二十世纪七八十年代以前，重点供应的深秋以后的黄瓜是用大白菜包装的，是把一整棵的大白菜从中间立着劈开，把白菜心给掏出来，再把黄瓜放进去，然后把两个半拉的白菜合起来，用绳子绑好。一般是一棵大白菜里面只放一根黄瓜，这样就可以远途运输了，到了北京，烹饪的时候再打开。

第二节　劳动课

到了霜降，收割下来的稻穗也晒得差不多了，该往场院里运了。过去运输主要依靠马车，也有不少用两轮车或独轮车的。

往场院运送麦穗并不难，高中生可以任意选择运送方式。如果是山路、丘陵或坡大的路，就要困难得多了，比较近的需要人背着运回来。过去的方法和使用的工具现在已经见不到了，知道的人应该也不多了。学生可以尝试一下，体验过去农人的操作技巧。

霜降谚语

霜降露凝霜，
树叶飘地层，
蛰虫归屋去，
准备过一冬。
霜降不摘柿，
硬柿变软柿。
寒露早，立冬迟，
霜降收薯正适宜。

1. 先准备一根长度约 1.5 米的短绳，够用即可。

2. 找根硬树杈，两个分叉如手指粗细为合适。

3. 制作木锥子：两根分叉一根长一根短，长的约 15 厘米，短的约 10 厘米。分叉的底部要保留 10 厘米左右的长度，还要削尖。

4. 把绳子的一头拴在长叉的头部，拴绳的地方要转圈削个浅沟，防止绳子拴上后脱落。这样的锥绳就制作好了。

5. 把捆好的水稻几捆或十几捆放在一起（根据人的体力决定）。用锥绳拦腰转一圈，绳子的另一头在锥子上打个扣，再把锥子底部的尖插入捆好的稻捆里。这样就捆好了。

6. 背法也不同往常。找一根长擀面杖粗细的硬木棍，约 1 米多长，木棍的一头削个尖，把木头的尖部插在捆好捆儿的绳子底下。水稻的稻穗是朝上的，人蹲下把木棍扛在肩上就可以了，两只手在胸前往下按着木棍，水稻捆紧贴着人的后背。

过去的马拉车走在山路上也是有规律的，要在马车的前面拴头驴，也叫"梢子"。平时驴拉车的绳是很松的，驴也不会使劲。这要看拴梢子的绳子是否绷紧，绳子绷得紧，说明梢子的驴或马在使劲，如果是松的说明没有使劲。

驴平常是不会使劲的，那为什么在山区还要用驴当梢子呢？为什么在有马当梢子的同时还要拴头驴呢？这是由马和驴的性格及马和驴的特殊性决定的。马既能往前走也能往后倒，而驴只能往前走，不会往后倒着走。而且驴的脾气很倔，一旦发起脾气，越是让它往左走，它却偏要往右走。

人们也是根据驴的这个"特殊性"，把坏变好。当马拉着车再装上重物往山坡上走时，如果山路比较滑，车上不去，马就会站不住，开始往后坐甚至往后倒，这是很危险的，车、马、人有可能一起滑落下山，也可能坠入万丈深的山涧。每当这个危急时刻，驴就派上用场了。它会四蹄紧蹬在坡路上，往前努力着，就是累死也不会往后退一步。这样车就"钉"住了，随车的人、赶车的人会快速从车的底部取出事先准备好的三角形长木头，快速塞在后车轱辘底下，这样车就不会继续往下滑，为自救赢得时间。

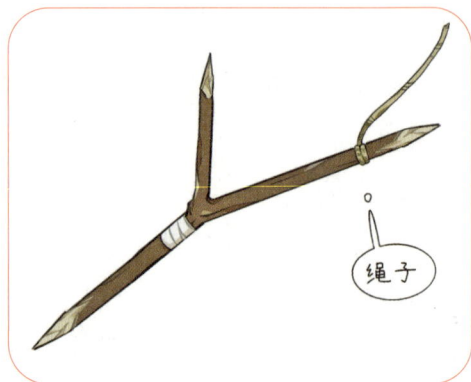

锥绳

捆水稻　　　　　　　　　　　　　　背水稻

　　张骞出使西域后，驴在中原得到了广泛传播，不仅成为了主要的劳动力和运输工具，还被历代文人墨客所青睐，无论褒贬，驴经常出现在诗文中。大家可以在劳动之余，广泛收集与驴有关的成语、诗句、文章、名人轶事，积累文学素材。

第三节　营养课

🔵 五花饼干

原料：白面团（面 250 克，油 200 克，糖 100 克，奶 85 克）、黑面团（面 125 克，油 100 克，糖 50 克，奶 43.5 克，可可粉 12.5 克）。

制作：将白面团分为两半，一半当皮，擀得较薄，擀成长方形，刷一层蛋液；另一半白面团擀成 1 厘米厚，长与薄皮一样。然后把黑面团也擀成 1 厘米厚，切成 1 厘米左右宽，白的也一样，然后码在薄皮上，码一条刷一条蛋液，交叉着码（第一条白，第二条黑，第三条白），来回交叉，最后刷一层蛋液，用皮面卷好，面皮共四层，外边刷上蛋液滚上果料，切断面刷一层蛋液，撒些果仁（如花生仁、瓜子仁）。

> **营养评说**
>
> 几乎所有人都吃过饼干，但你知道饼干的来历吗？
>
> 19 世纪 50 年代的一天，在法国比斯湾，狂风使一艘英国帆船触礁搁浅，船员死里逃生来到一座荒无人烟的小岛。风停后，人们回到船上找吃的，但船上的面粉、砂糖、奶油全部被水泡了，他们只好把泡在一起的面糊带回岛上，并将它们捏成一个个小团，烤熟后吃。没想到，烤熟的面团又松又脆，极为好吃。为了纪念这次脱险，船员们回到英国后，就用同样的方法烤制小饼吃，并用海湾的名字"比斯湾"命名这些小饼。这就是饼干英文名 biscuit 的由来。在当地，饼干也是一种作为幸运物而存在的。

第十九章

立冬

公历每年
11 月 7 日前后

———

当太阳到达黄经 225° 时
为立冬

冬宜封藏　耗过易伤
存精蓄气　去疾利本
风似刮骨　温则护体

立冬是干季的最后一个节气，是干季向寒季转换的过程，气候学上冬季开始的标志是连续5日平均气温降到10℃以下。这时人们会感到天气很冷，燥感也明显加重，人在这个时候很容易生病，尤其是有晨练习惯的老人和体质较弱的人群，应该等太阳出来，气温稳定后再外出运动。因为冬季太早晨练容易诱发哮喘、感冒、心脑血管疾病，还有可能导致慢性疾病的加重。

　　立冬过后天气转冷，空气湿度小并常伴有大风天气，会引起皮肤干燥瘙痒、粗糙脱屑，甚至皲裂。所以日常起居要做好两手准备，第一注意防寒保暖，第二加强滋阴润燥。饮食上应多喝水，多熬汤羹，多吃富含维生素A或类胡萝卜素的食物，如瘦肉、动物肝脏、胡萝卜、豆制品、所有黄色蔬菜和水果。立冬后正是吃大白菜的时候，白菜豆腐汤是最应季、最养人的汤羹。

第一节　节气课

一、健康老师有话说

多喝水，多吃汤类食物：到了立冬以后，北方的人们应该多喝水，多吃汤类食物，可以选择一些动物类的食物以增加自己的热量（能量），要合理搭配膳食，保证一定量的蔬菜和水果，添加豆制品和奶制品，要适量地吃富含维生素 C、维生素 A 和 B 族维生素的食物，特别是早餐一定要吃饱、吃好。晚上要吃一些容易消化的食物，因为天冷，晚上人们不愿意去室外运动，所以晚饭不宜多吃。在南方，到了立冬以后，人们只要合理安排自己的一日三餐就可以了。因为我国的南方人喜欢喝汤，这在立冬以后是很受用的，是一个非常好的饮食习惯。

从立冬节气开始，北京就进入了冬季，民谚说"立冬不砍菜，必定要受害""立冬白菜赛羊肉"，所以大白菜要在立冬之前砍完，并晾晒储存。大卞萝卜、大白萝卜、胡萝卜、心里美萝卜、洋葱、土豆、白薯等也开始储存。过去，立冬前后开始腌制冬咸菜，腌制鸡蛋、鸭蛋等，供给冬三月和初春青黄不接的时候食用。

过去，过冬的大白菜砍下来，买回家就要进行区分处理。因为那时的冬储大白菜是按车卖的或者是按堆儿卖的。因此，在一车或一堆儿里的大白菜的质量是不一样的，有满心的，有半心的，有没长心的，所以要分出来，满心或比较满心的经过晾晒后就直接储藏了，半心的就可以制作"芥末墩儿"了，没心的就可以"积酸菜"了。

立冬时节养生粥

首乌双红粥（制何首乌、红枣、红糖、大米）。

立冬时节养生膏方

固元膏。

立冬的民俗饮食

醋熘白菜。

　　防身体超重或肥胖： 到了立冬以后，人们的运动受到限制，而食欲又很旺盛，所以在这个时节，北方人往往会"进食大于消耗"。因此，立冬以后是造成身体超重或肥胖的时节。所以人们应该合理饮食，平衡体质，还要保证运动的时间和运动量。立冬以后，也是我国流感的高发季节，而且是不分南北的，所以应该提前预防，病后积极治疗，特别是老年人和婴幼儿，更要多加注意，有慢性病的人也要小心调护。

二、地理老师有话说

未曾立冬先立冬：在每年的十一月上旬，我们迎来立冬节气。在北京地区一直有"未曾立冬先立冬"的说法，意思是说在立冬之前的一段日子里，北京地区就已经冷了，到了立冬以后天气就会更冷了。在北方地区，到了立冬以后，刮风的天气是很多的，而且刮大风的天气也不少。北方地区到了立冬以后，就完全进入了冰雪的季节。虽然现在北京地区下雪的天气已经很少了，但在过去，到了立冬以后，老北京地区下雪的天气是很多的，而且下雪后非常冷。因此，老北京人有句老话叫作"风后暖，雪后寒"，意思是说在冬天刮完风后会暖和点，但是如果下了雪那么一定是很冷的。

近三十年来，受全球气候变暖的影响，北京地区的冬天一直少雪或没雪。要是在三十年前，老北京的冬天能把人穿的棉衣冻透，能把土地冻裂，用手在门外开锁，锁都"粘"手，住平房的人家屋里，夜里的尿盆都能结冰。农村，在院子里喂鸡喂猪，刚从屋子里拿出去的食盆，鸡、猪还没吃完，食物就都冻上了。所以，那时的北京，到了立冬以后，真可谓"穷人难过"。因此，在过去，"穷人喜欢过夏天，富人喜欢过冬天"。因为夏天省衣服，所以穷人喜欢过；而在冬天，富人可以穿很华贵的毛皮衣服，如水獭皮的帽子，狐狸皮的围脖，狐狸皮、狗皮的皮衣，羔羊皮的坎肩，翻毛的皮鞋等，到了立冬以后，那才真是体现北方贵族人身份的日子。

如果是在南方，到了立冬以后，人们的日子要比北方人难过。因为在过去，我国的南方地区没有火炕，住户家里没有供暖的设施，但是室内的温度却很低。白天，即便是中午，室内也不如外面暖和。而北方却不同，虽然天气比南方要冷很多，可是室内有供暖设施。这就是我们南北方的差异。

三、生物老师有话说

世间万物都是各有各的生存方式： 在我国北方，特别是北京地区，在立冬前必须要把最后一茬的农作物——大白菜给砍下来，晾晒好后，入窖收好，不然一冻就全完了，一个冬天就没有带叶的菜吃了。在过去，家家户户到了冬天就全指着大白菜了，所以大白菜被称为"看家"菜。北方地区在砍、收大白菜以前，早已把地里的土豆、萝卜、葱头、大蒜、大葱等收完储存好了，辣椒会用线穿成串挂在门框上或是墙上，需要腌制的咸菜也已经腌上了，打下的粮食该磨的磨了，该留种子的也留好了。多余的鸡、猪、羊，该留着过年的留出来，剩下的该卖就卖了。忙活了一年，到了立冬也就算结束了。老北京人有句话，叫作"别等狗吐舌头鸡跷脚"，因为狗没有汗腺，到了热天只能靠舌头排出体内的热，所以在热天狗就会吐舌头；而在冬天寒冷的时候，鸡会把两只爪子轮换着跷起来，贴在胸部取暖，因为鸡的爪子上是不长毛的，所以怕冷，在冷的时候只能用胸毛取暖。意思是说，干活时别等到天气极热或极冷时。

在我国的南方，立冬以后，对动物的影响不是很大，但不时到来的冷空气（从北方南下的冷空气）对有些植物还是有一定危害的，甚至是有很大危害的，特别是像香蕉这样的植物，一旦遇到极端的冷空气就会成片地死亡。

小知识

在我国许多地区的传统节日、节气和一些特殊日子里，都有吃饺子的习俗。但是，大家知道在什么情况下、什么日子里能吃饺子，什么时候不能吃饺子吗？

先说说什么时候要吃饺子。

1. 农历的大年三十包饺子，吃饺子：也叫"交夜""咬夜"，寓意更岁交子。

2. 大年初一（农历一月一日）吃饺子：因为饺子的形状像"元宝"，预示着新的一年里有好的收获，好的收成。

3. 大年初五（农历一月五日）吃饺子：大年初五在民间也叫"破五"。在我国的许多传统节日是有很多禁忌的，从大年初一到大年初五更是禁忌最多的时间段，因此，初五这天的"破五"就是为了破除这些天的所有禁忌，使人们回归到正常的生活当中去。"破五"也有辟邪免灾的意思。所以初五这天要吃饺子，还要燃放鞭炮。

4. 暑伏吃饺子：我国有"头伏饺子二伏面，三伏烙饼摊鸡蛋"的民俗。特别是在老北京地区，更是很有讲究的。头伏也是新粮食（冬小麦）下来的时候，青菜也开始丰富，是真正结束"青黄不接"的时候，此时吃饺子，有庆祝的意义。

5. 立冬吃饺子：在我国北方地区，特别是北京、天津等地，立冬时节要吃饺子。所以老北京人有"立冬补冬，不补嘴空"的说法。北方人吃饺子也有一种说法是冬天寒冷，而饺子的形状像人的耳朵，所以吃饺子不冻耳朵。在我国立冬这天有"北吃饺子，南吃鸭"的说法，也说明了我国气候的南北差异：北方立冬后寒冷，南方立冬后河水却不结冰，鸭子照常在水里游。

6. 冬至吃饺子：在我国，冬至是一个非常隆重的节日，既是家人团聚的节日，也是人们祭祀的日子。在我国的南方地区，冬至这天是吃糍粑、汤圆、麻薯的。

7. 在人们的生活中还有"上车饺子下车面"的说法，就是说人们外出时，临上车的那顿饭吃饺子，意思是平平安安。因为在我国的民间，饺子皮代表衣服，饺子馅儿代表钱，饺子的外形又像元宝，也就是说人们外出要带着衣物和钱，这样才能平安保险，所以民间还有"饱带干粮暖带衣""穷家富路"的说法和讲究。

8.民间讲究在小孩百天时吃饺子，也叫百发饽饽，寓意为希望孩子的一生中有吃有穿，有钱花，是吃穿不愁，丰衣足食。

9.在我们的日常生活中，每到休息的日子，全家人经常会聚在一起包饺子，也是一家人团聚的意思。

在我国的民间，特别是老北京，会经常说一句话"好吃不如饺子，舒服不如倒着"，说明饺子在人们心目中有着重要的地位。饺子也是一般人都能接受的一种食物，而且可以有几十种馅，能够适合各种人的胃口。

饺子是我国逢年过节、人们日常生活中的一道美味佳肴，而且历史悠久，名传中外。但是，也有例外，也有不适合吃饺子的日子，我就来介绍一个：

在过去，"提亲"的时候不适合吃饺子。"提亲"在我国有着悠久的历史，而且不分南北。在过去，男婚女嫁都是由"媒妁之言""父母之命"决定的，儿女是没有婚姻自由的。绝大多数的男女在结婚之前甚至没见过面，完全由"媒人"相互传递消息。因此，在"媒人"给牵线搭桥的过程中，男女双方的家里不仅要给"媒人"钱和礼物，还会留"媒人"吃饭以作为答谢，感谢"媒人"的辛苦。在过去，说媒主要讲究的是"门当户对"，但即便如此，也不见得能说成。不成的原因有很多，其中最主要的是男女双方的长辈可能在过去有"过节"，但是媒人可能并不知道，所以当媒人给某一方上门提亲时，或者男女双方的长辈见面时，发现了问题时，本家（所在的家里）会留媒人和对方的长辈用餐，这时本家的一位长辈会说："一起吃饭吧？"另一位本家的会问："吃什么？我去做。"另一位会说："包饺子吧！留下一起吃饺子。"如果这样说，媒人或者对方的长辈就知道本家不同意，可能过去有"过节"。包饺子也叫捏饺子，这里表示把嘴巴捏上，别再说了，别提亲了。这时来人和媒人就应该找个借口，赶快告辞出来。在过去如果说成了一般请吃面条，意思是常来常往。后来发展到青年男女自由恋爱，有人给介绍对象见面时，其中一方见面后不中意（不愿意），也常会请对方一起吃个饭，而选择吃饺子来拒绝对方。所以，吃饺子的含义是很深的！

第二节　劳动课

过去，到了立冬节气，农田里的活也就接近尾声，进入传统的"冬闲"时候了。"冬闲"只是相对于农忙节气讲的，实际上也有不少农活及相关劳作可干。

比如编筐，过去有用柳条编的，但是更多的是用紫槐树的"条子"来编。这种"条子"结实耐用、不怕水，很能装重物。因为有油性、韧性好，用水泡过编的时候也不易折断。

编筐的过程：

1.四根条子为一组，其中两根条子的根部与另两根的梢子头对齐放好，需要四组。

2.把四组条子放在平地上，摆成"米"字形。

3.拿起准备好的其他条子开始往"米"字里插入。要在"米"字里上下交叉编，要用木棍砸实。一根条子编好后再续上另一根，头尾要压在一起。筐底尺寸合适后，把"米"字条成90°往上撅起，不好撅时，要用火烤。撅好后继续编，编到够高了，把所有立着的条子窝成"窝"，转圈别起来就完成了。

我们的学生也可以用废的打包带来编筐。

准备条子

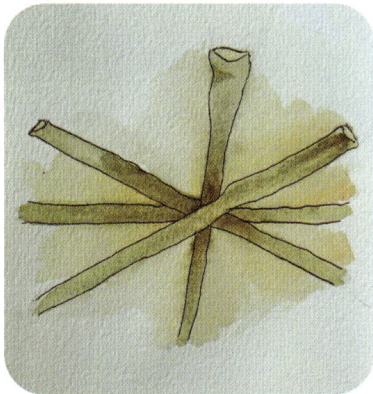

摆"米"字

编筐

编筐时要让枝条弯曲，此时不能硬掰，要用火烤。有过插花经历的同学也会明白，使花茎弯曲的不是力度，而是手的温度。此外，相信大家也一定听过《伊索寓言》中风与太阳的故事。这些经历与寓言让我们明白，劝导比命令更有说服力，仁慈、温和的说服胜过生硬、暴力的强迫，用温柔、尊重别人的方式更容易令人心悦诚服。

第三节　营养课

🔵 虎皮蛋糕

原料：鸡蛋 500 克，面 250 克（或玉米粉 125 克，面 125 克），糖 250 克，黄油 50 克。

制作：如没有打蛋机可自己用手打，必须先打蛋清，打成糊状，再加蛋黄打，最后加面粉和玉米粉（淀粉）。打好后倒入烤盘，剩下的原浆加可可粉，挤在表面上（挤成 2 厘米宽的横道），用牙签来回拨，拨后放入烤箱，温度 220℃。

虎皮蛋糕是戚风蛋糕的一种，外面一层黄色的薄层，香香软软，里面的蛋糕夹着甜甜的果酱或奶油，每咬一口都是惊喜。普普通通的鸡蛋、面粉、糖，在蛋糕师手里就变成了暄软无比的甜美蛋糕。

同学们学习烘焙技术，不仅是为了"吃"，也是我们所学知识的实践。因为烘焙过程要涉及数学、物理、化学、生物、语文、美术等知识，当然最重要的是能让家人、朋友感受到你的这份爱。

第二十章

小雪

公历每年
11 月 22 日前后

———

太阳到达黄经 240° 时
为小雪

小雪不收菜
必定要受害

小雪节气前后，黄河以北地区已呈现出"北风吹，雪花飘"的冬季景象，但往往雪量不太大，所以叫"小雪"。小雪代表着寒季的开始，此时已算得上是真正意义上的冬天了。零星的飘雪缓解了大地上的干燥之气，人们的口腔、鼻腔也会舒服一些。

小雪是寒季的第一个节气，随着天气逐渐寒冷，人体易患呼吸道疾病，如上呼吸道感染、支气管炎、肺炎等，特别是小儿，衣着不慎很容易引起感冒和支气管炎。所以要注意保暖，坚持"薄衣法"慢慢加衣，以穿衣不出汗为度。适当减少户外活动，避免阳气的消耗。饮食上应多食用含叶酸丰富的食物，如菠菜、猕猴桃、橘子、西蓝花、胡萝卜、核桃、松子仁、动物肝脏等。

第一节　节气课

一、健康老师有话说

吃粥最养人：到了小雪节气以后，北方地区的饮食会有所改变。在过去，老北京人的家庭熬菜、炖菜比较多，主要有粉丝熬白菜、粉条熬白菜、粉丝酸菜（也叫酸菜粉）、海带白菜、白菜炖豆腐、白菜炖冻豆腐、醋熘白菜等，这些都是老北京人的看家菜。现在的北方人，到了小雪以后，最钟爱的当属火锅了，而且火锅的用料种类也多，既省事又方便，也能适应各类人的口味。到了小雪节气以后，在南方，也是吃的"黄金"时节，比较传统的当属煲汤了。在我国的东北地区，乱炖、小鸡炖蘑菇、猪肉炖粉条也是很盛行的。

小雪节气正是我们养生的好时候，是不分南北的。南方人可以煲各种食材的汤。煲汤是很养人的，也不会使人发胖，像鱼汤、菌汤、鸡汤、药膳汤等，都是很好的补品，适应人群也广，可以调理各种体质的人。在北方，到了小雪节气，吃粥是最能养人的，如红小豆粥、小米粥、大米粥、二米粥（大米、小米）、棒碴粥、白薯粥、菜粥等，这些都是老北京人常喝的粥。现在又有了紫米粥、黑米粥、皮蛋粥、肉末粥、八宝粥、杂米粥等。冬天喝粥也比较暖和，但是血糖高的人要慎食。北京的老人在这个时节，早晨起来洗漱完了以后，会坐在离炉火不远的八仙桌旁沏上一壶茶，就着点心吃早餐。有文化的老人戴上老花镜，手里还会拿张报纸，边看边吃，那叫一个惬意，孙辈们在屋里跑来跑去。这就是老北京人的天伦之乐啊！

小雪时节，老北京的习俗是开始处理多余的动物，如鸡、猪、兔等，以减少饲料的消耗。老北京有"带根的多栽，带嘴的少养"的说法，鸡、兔是主要的宰杀对象，也是采集皮毛的时节。

小雪时节养生粥

姜汁白萝卜干贝粥。

小雪时节养生汤羹

菠菜鸡蛋羹。

小雪的民俗饮食

爆肚。

二、地理老师有话说

　　天气以冷、干燥为主： 到了小雪节气，在我国的广大地域，天气是以干冷、干燥为主的。无论南方还是北方，天气都已经很冷了，高寒地区更是冷得可怕。在我国的北方地区，到了小雪节气，雪花会不时地"光顾"，但雪量一般不是很大。可是风却不少，也不小，天气一天比一天冷。北京山区的河水完全结冰了，平原的河流也渐渐结冰。

在过去，北京的大杂院里用水是很费劲的，因为到了小雪节气以后，院内的水龙头只要不用，很快就会被冻上，而且还冻得非常"磁实"，不像在小雪以前，即使冻上了也冻不"死"，拧一拧或稍微浇上点热水就能打开。而小雪以后就不同了，很多时候连外露的水管都会冻"死"，就得多准备几壶开水去烫，还有的时候得点着木头去烧。所以每天早晨的用水成了老北京大杂院的一个大难题，如果把水龙头或水管给烫裂了或烧裂了，那就麻烦大了，很多时候就得到邻院去打水。那时老北京的大杂院，到了冬天，都是用木板把水管围起来，钉好，在里面填上刨花或锯末，用来给水管防冻。每天晚上还得有人打开水井盖，把里面的截门关上，再把出水管里的余水放干净，这样就不会冻了。如果有人忘了关和放余水，那第二天全院的家家户户都会没水用，所以那时的家家户户，到了晚上，都会把家里的桶、盆盛满水，防止发生水管子冻上，全家人没水吃的情况。那时，在北方的农村，大多数人家都是去井里挑水吃，农村的井一般是不会冻的，但如果是浅的井，就保不齐会被冻上。所以在过去，到了冬天，在农村的很多地方，水井是用木盖盖上的，有时实在太冷了，还会在木盖上盖层草帘子。那时候，农村人在冬天去水井台上挑水是很危险的，因为在井口外围会有很厚的冰，人们在挑水时，稍不留神就会滑倒，很多时候会把水桶摔漏，有时甚至人会滑进井里。

三、生物老师有话说

修剪果树：到了小雪节气以后，在北方地区，除了常青树外，其他树上只剩下树枝了，果树也早已修剪完了。在北方地区，每年果子采摘完后都是要修剪果树的。修剪果树是很有技术含量的，首先要剪掉不好的老枝，大多数的果树都是雌雄树枝长在同一棵树上，所以在剪枝的时候，要按雌雄的比例合理地留下，这样才能保障第二年结果的数量。在剪去树枝的部位（伤口处）要刷上油漆或胶，防止剪口或锯口被风吹了，使树的水分流失。在剪枝时，不能贴着根剪，要留出 1～2 厘米，这样做的好处是等树长粗时，树皮就能把伤口包上，下雨时，雨就流不进去，树就不会腐烂。修剪后，还要用木棍把长得密的枝条支开了定形，为了第二年树叶长出来开花结果后能够通风。如果通风不好，果树就会只往高长，不结果，按果农的说法就是"长疯"了，所以还要剪尖。在北方的高寒地区，果树的枝干还得用草绳子缠上防冻，而在南方修剪果树时则简单得多，只要把多余的枝条剪去，剪短就行了。

小雪节气以后，在北方，天上飞的鸟也少多了，很多鸟类会飞往南方。地上的动物也不多了，有些冬眠的动物早已不见了，如蛇、青蛙、昆虫类等，家禽家畜也减到最低的数量。所以，在北方地区，到了小雪以后，就进入了没有"生气"的时间段，人们也懒得出门了。在南方地区，即使到了小雪节气以后，在正常的年景里，对动物的影响也不会太大，只是在繁殖上会减少，在生长上问题不大，对人们的出行也不会产生影响。

下雪的多少，决定冬小麦产量：在北方，到了小雪节气，农民就盼着老天爷下雪，特别是头几次下的雪是越早越好，越多越好，这样就能使冬小麦的表面盖上一层雪，雪能够起到保温、防止干燥的作用，有利于"开春后"冬小麦的返青和生长。所以，冬天下雪的多少，也是决定冬小麦产量的主要因素。如果冬天少雪或者无雪，冬小麦就会受到伤害，甚至成片死亡，影响到小麦的收成。

四、化学老师有话说

"积"酸菜的方法：给大家介绍一个老北京人"积"酸菜的方法。老北京人"积"酸菜是用立冬时买回来的成堆白菜里面不太好的菜，清洗干净，必须要将水完全晾干了，白菜绝对不能有生水。

把锅里的水烧开，把白菜切成两半，放进开水锅里煮一下，水开后1～2分钟，捞出，放进干净的瓦盆里，浇上大米汤，晾凉后再盖上盖儿，几天后就可食用。现在人们的健康意识提高了，所以"积"的酸菜要多放些天，至少要在20天后再食用，以减少亚硝酸盐的含量。

第二节　劳动课

到了小雪节气，我国北方地区天寒地冻。所谓"地冻"实际上是地的表层，而地下是热的。

北方的地下是冬暖夏凉的，因此，北方地区到了冬天，在农村会在地上往下挖个长方形的坑，也有根据现有地形挖成方形或圆形的，一般会挖到一米以下的深度。人们会把农作物的秸秆，用铡刀铡短，放入坑内，再往上面倒入马粪、猪粪或大粪，再浇入一定的水。然后用和好的花秸泥抹严，在上面插上草把子用作排气。

花秸泥就是用碎麦秆、土和在一起的，几天以后，会从插入点草把上往外冒气，这种气也叫"沼气"。沼气是可以燃烧的。在条件允许的情况下，人们会把沼气引进厨房，可以用来做饭、取暖用。坑里的肥经过一个冬天，到了春季就发酵好了，生肥变成熟肥，起出来可以运到农田了。

我们的学生可以在小区的绿化地里，在绿化人员的帮助下找块不用的地，挖一个坑，把秋后的落叶扫进去，再把各家养的宠物粪便铲入坑内，在上面盖上塑料布留个孔也可以积肥。春天在园林里可以把积好的肥施到园林里，既美化环境，也能清理收集宠物的垃圾。

小雪谚语

小雪收葱，不收就空。萝卜白菜，收藏窖中。

小麦冬灌，保墒防冻。植树造林，采集树种。

改造涝洼，治水治岭。水利配套，修渠打井。

立冬小雪北风寒，棉粮油料快收完。

油菜定植麦续播，贮足饲料莫迟延。

立冬小雪，抓紧冬耕。结合复播，增加收成。

土地深翻，加厚土层。压砂换土，冻死害虫。

挖坑

放入秸秆

倒入粪便

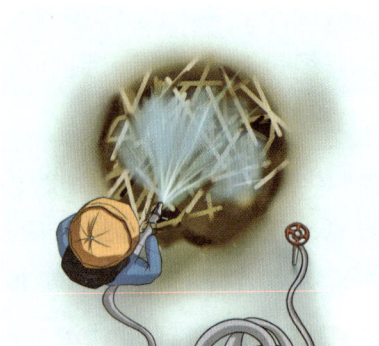

浇水

积肥可以帮助同学们认识微生物的发酵作用。无论是人体内部还是外部环境，微生物无处不在，是地球上最为丰富多样的生物资源，其种类数量仅次于昆虫，是生命世界里的第二大类群。微生物是有机物质重要的合成者和分解者，在地球化学循环中占据不可替代的作用，对于自然生态系统的产生、稳定和持续演化起到至关重要的作用。微生物造福人类的同时，也会给人类社会造成巨大灾难，比如近年导致疫情的新型冠状病毒。因此，重视并重构人类与微生物之间的关系是当今最重要的课题之一。

第三节 营养课

🍊 什锦花卷

原料：面粉 750 克，酵母粉 7.5 克，糖 75 克，泡打粉 10 克。
注意：酵母粉发面，水温不宜太高，以免将酵母菌烫死。

花卷是属于包子、馒头一类的主食，是传统的中国面食，既经典又家常。什锦花卷可谓花样繁多，琳琅满目，可以做成椒盐、麻酱、葱油等各种各样口味的花卷。

花卷所用食材主要是小麦面粉，中医学认为小麦有养心益肾、健脾厚肠、除热止渴的功效。

精细面粉做出的面食细软好吃，但在精细面粉的加工中，很多营养素都被破坏了。所以，为了我们的健康，日常三餐最好搭配上一些全谷物的粗粮和薯类食物，这样我们的身体就能获得更多的营养素。

第二十一章

大雪

公历每年

12 月 8 日前后

———

太阳到达黄经 255° 时

为大雪

小雪应清肠

大雪宜进补

大雪时节，我国东北、西北地区平均气温已经降至10℃，黄河流域和华北地区气温也稳定在0℃以下。此时的北方，白雪皑皑，完全是一片冰雪世界。毛主席的《沁园春·雪》写道："北国风光，千里冰封，万里雪飘。"在大雪这个节气里，天地间就是这么一派诗情画意的景象。

　　大雪是寒季的第二个节气，在这个节气里，大雪纷飞，天气寒冷，万物生机潜藏。为了吸取足够的能量来抵御风寒，人们开始进补了，这也是进补的大好时节，此时成年人容易热量超标引起肥胖，孩童容易积食着凉，积食必上火，内火加外寒，必生病。因此，滋补的同时别忘了吃些通气助消化的食物，如萝卜、山楂、白菜、苹果等。另外，由于气温变化较大，对于老年人来说，容易引发心脑血管疾病，所以日常生活中要做好防寒保暖工作，衣服要柔软宽松，保暖性能要好！

第一节　节气课

一、健康老师有话说

一是要吃饱，二是要穿好，三是要防冻：大雪节气后的养生法如下：

一是要吃饱，一日三餐不能少；

二是要穿好，不冷不热不上火；

三是要防冻，不能冻手和冻脚；

要是冻手脚，千万不能用火烤。

到了大雪节气，在北京的饮食里，吃涮肉是很好的选择。老北京的涮肉也很有讲究。在过去，很少有人下饭馆，都是在自己家里涮，这样"实惠"。那时也不是家家都有火锅，而是靠借，一个大院、一条胡同也不见有几个火锅。老北京人吃涮肉，除了肉，主要得看佐料（调料）。那时老北京的调料主要有芝麻酱、酱豆腐、韭菜花、辣椒油、酱油、糖蒜，如果有人觉得不够咸，自己再放盐，但没有放醋的。涮菜主要是白口的大白菜头、冻豆腐、粉丝，不像现在什么都放，那时也没有宽粉条、海带、萝卜等。大白菜主要分两种，一种是"青口"菜，另一种是"白口"菜。"青口"菜是绿色的，叶子多，帮少，主要是炒和吃馅用，味发甜；白口菜，色白，叶少，帮多，而且厚，味酸，适合做醋熘白菜和配菜，也是涮肉用的白菜。

在我国的南方，到了这个季节，家家户户都要杀猪，南方人主要用猪肉制作腊肉、熏肉、火腿等。在过去，北方人是很难接受腊肉、熏肉的，更难接受南方的甜食，南方人也不接受北方的咸。现在不同了，现在的"大同"成了南北"通吃"了。南方人对饮食制作的精细是非常有讲究的。南方人在吃饭时，是不剩"碗底儿"或"盘底儿"的，讲究吃光，吃干净；而北方人就不同了，特别是老北京人，请客吃完饭后是不许"露盘底"的，如果见了盘底，就说明客人没吃饱。

大雪时节养生粥

小米牛肉青菜粥。

大雪时节养生汤羹

羊杂汤。

大雪的民俗饮食

什锦火锅。

二、地理老师有话说

在北方，西北风会更多、更大；而在南方，室内明显阴冷：在我国北方，到了大雪节气，才是真正到了严寒时节。特别是在西北、东北地区，到了大雪节气，真的是"大雪封断路"。在过去，很多地区是进不去也出不来的，交通完全处于断绝状态，要想恢复交通，只能等到第二年的"晚"春了。现在方便了，天上有飞机，地上有公路还有铁路，即使在严冬，交通也不会受到太大影响。

在过去，到了下雪的天气，交通几乎完全是靠马匹的，因为民间有句话，"雨里的骡子，雪里的马，大平路的小毛驴"。意思是说，在下雨泥泞的路上，用骡子拉车，人骑在骡子背上是安全的，因为骡子走泥路不打滑；到了下雪的天气，用马拉车，人骑在马上是安全的，比较平稳，因为马走雪路不打滑；如果在平原地区，用小毛驴拉车是很稳的。民间还有个说法，就是"驴骑屁股，马骑腰，骆驼骑在峰中腰"，是说这样骑要舒服一些，也安全。

到了大雪节气以后，如果是在二十年以前，在北方路两边的农田里，就很少看见土地了，都是白茫茫的一片。在北方，室内室外的温度尽管是在白天也一定会在0℃以下，如果到了夜间，温度降到零下十五六摄氏度也不新鲜。在过去，南方地区冬季温度最低也就是在0℃左右，而现在则不同了，南方到了冬天，温度一年比一年低。在过去，南方的老人们一辈子都没有见过雪的大有人在；而现在，特别是近几年来，南方下雪已成常态，而且是一年比一年大，这可能也是人们常说的"三十年河东，三十年河西"吧！

到了大雪时节，北方的西北风会更多、更大，空气更加干燥；而在南方，室内明显阴冷。总之，到了大雪时节，无论在南方还是北方，人们的感觉都不是很好，出行也不是很方便。在过去，到了冬季，人们生活中最难的事就是洗澡了，特别是家里有老人、小孩、病人的，更是困难，室内温度低，洗澡很容易着凉。所以，在过去，人们到了冬季，洗澡主要是到公共浴室，在老北京叫"洗澡堂子"，可是，穷困的家庭一般是无钱光顾的。

三、生物老师有话说

棒打狍子，瓢舀鱼，野鸡飞到饭锅里：20 世纪 80 年代以前，在北京城外，是可以经常见到野兔的。如果是在东北，那就是"棒打狍子，瓢舀鱼，野鸡飞到饭锅里"，也就是说，那个时候，用木棍打一下都能打到狍子，人们用水瓢在河边舀水都能舀上鱼来，如果用室外的灶台焖米饭，野鸡都能飞到锅里去吃米，可见过去的野生动物是多么丰富啊！据说狍子这种动物比较傻，很好打到，肉很好吃，皮毛也不怕雪，但是用不住，容易掉毛。

在中原一带，大雪过后，兔子会躲到洞里，这时人们往洞里扔木头或者其他东西，兔子就会窜出来，如果地上的积雪到了人的小腿高，那么，兔子窜出来后，会一头扎进雪里，这时兔子的后半身都露在雪的外面，人们很容易捉住它。兔子是种顾头不顾尾的动物，只要它看不见人了，就会认为别人也看不见它了。我们常说的"顾头不顾尾"大概说的就是兔子吧。在老北京，在雪地里捕鸟也是一个有意思的玩法，就是在雪地上扫出一块干净地儿，放上点米，在米上用木棍支起个筛煤用的筛子，在木棍上绑根绳子，人远远地藏起来。等鸟飞落地，进去吃米时，人迅速地拉动绳子，筛子就会把鸟扣住。

大雪节气也是砸冰、储存冰的时节，在没有冰箱的时代，储存食品是完全依赖冰来降温的。在封建社会，老百姓在热天是不能用冰的，王公贵族在一天里能用几块冰也是有等级限制的。在北方，下雪后人们在雪地里"打雪仗"也是一件很快乐的事情，"打雪仗"最怕把雪打进脖领子里。在北方农村，到了这个季节，人们就要"休冬"了，但有一种工作是这个季节最忙的，那就是打水井。打水井必须要等到冬天，因为在冬天土地是冻上的，这时候挖井，井壁不容易坍塌，所以民间有"冬打井，夏修路"的说法。

我国自古有"靠山吃山，靠水吃水"的生存传统，其实不无道理。因为有山可以采矿，有水可以捕鱼、运输、浇地，有森林可以伐木、打猎，有草原可以放牧，有平原的土地可以耕种。自古我们就是个充满智慧的勤劳民族。

四、化学老师有话说

酒精散热：话说在很久以前，有三个人在茫茫的雪地里迷路了，一位是个富人，怀里揣着黄金；一位是个"酒鬼"，怀里揣了个酒葫芦；另一位是个穷人，怀里揣了几个窝头。到了夜里，三人坐在雪地上，"酒鬼"拿出酒葫芦喝酒，边喝边对旁边的两个人说："还是酒好，酒能暖身子。"穷人开始啃窝头，但是越吃越冷。富人紧裹着皮衣，怀里抱着黄金。他们谁也不管谁，等待着别人来救援。最后救援的人来时，只有一个人活了下来了。

请问：是谁活着？又是谁最先被冻死呢？

答案是：

1."酒鬼"最先被冻死。酒精会使人体感觉温暖，是因为酒精使血流运行加速，体表毛细血管扩张，但同时也会使人体的热量散失得更快，并且人可以通过呼吸排出部分酒精，酒精在挥发的过程中也会带走人体的热量。人在雪地里得不到食物，不能补充热量，喝酒越多，散发热量就越快，被冻死得就越快。

2.第二个被冻死的人，是怀里抱着黄金的富人，因为黄金再好、再贵、再值钱，也不能当饭吃。

3.最后，能够等到别人来救的人，是怀里揣了几个窝头的穷人。因此，后人把玉米面窝头比喻成"黄金塔"。在没有饭吃的情况下，窝头比黄金还要珍贵。

这个故事告诉我们，粮食是宝中宝，时时刻刻都要珍惜粮食。

第二节　劳动课

在我国北方，到了大雪节气供食用的蔬菜品种已经很少了。一般情况下，带叶的蔬菜只有大白菜。其实，我国冬季种植蔬菜的历史很悠久，只是不普及。两千多年前，《汉书》《论语》中均记载有在室内种植植物的。最早种植的蔬菜是韭菜等，是用草木灰垫底，撒上种子。现在到了冬季，北方的蔬菜大棚在农业上是很普遍的，因此，我们的餐桌上，一年四季各季节的蔬菜都有。

大雪谚语

冬季雪满天，
来岁是丰年。
冬天麦盖三层被，
来年枕着馒头睡。

我们的学生可以在家里学会劳动种植。可以用花盆，最好使用比较大的泡沫箱子种植。在农贸市场买到种植用的土。学生只要用心基本上没有问题。

1. 在泡沫箱里先放入 10 厘米厚的营养土。

2. 在土上面喷水。

3. 在水完全渗入土里后，撒上要种植的蔬菜种子。

4. 在种子上再撒上一层 1 厘米厚的土，然后蒙上透明的塑料布，在塑料布上扎几个眼用来透气。简易的室内种植大棚就制作完成了。

在家里种植的蔬菜最好选择不结果实的。因为大部分结果的植物都要"授粉"。"授粉"是指雌花和雄花之间的授粉。在室外，大自然和昆虫可以帮助"授粉"。如果在室内，就只能靠人工来帮助"授粉"了，这是需要一定技术的。

自制保温箱

种植过程

我国秦汉时期就有温调房、温室殿，自然也会由此想到在室内栽培植物，国外在17世纪才开始出现温室栽培技术，不得不叹服中国古人的智慧。

第三节　营养课

混酥排

原料：面 500 克，油 200 克，糖 200 克，鸡蛋 200 克，泡打粉 12.5 克（夏天用油 187.5 克，糖 187.5 克，鸡蛋 187.5 克）。

制作：将面和好后，擀成片放入烤盘，刷一层蛋液（2 个蛋黄，1 个蛋清），温度 180℃。

混酥排是混酥类糕点的一种，是以面粉、油脂、水（或牛奶）为主要原料，加入砂糖、鸡蛋等制成的一类不分层次的酥松点心。其品种丰富，口感松酥。它的酥性原理是由于面粉颗粒被油脂包围，颗粒与颗粒之间随着搅拌的不断进行，距离加大，充满了空气。面团在烘烤时空气受热膨胀，由此而产生酥松性。类似的食物还有饼干、小西饼、葡式蛋挞等。

这类点心油、糖含量都很高，但如果减少油、糖的投放量，可能会出不来应有的效果。那怎样少油少糖，还能保持美味呢？这个课题就留给同学们来探索吧。

第二十二章

冬至

公历每年
12 月 21 日至 23 日

———

太阳到达黄经 270° 时
为冬至

冬至前后　冻破石头
《冬至数九歌》
一九二九不出手
三九四九冰上走
五九六九沿河看柳
七九河开　八九雁来
九九加一九　耕牛遍地走

冬至过后，白昼时间渐长。此时全国进入了数九寒天，日平均气温已降至0℃以下。

冬至是寒季的第三个节气，是一年中白昼时间最短、夜晚最长的一天，阴盛阳衰，阴极生阳，阳气开始萌生。在此阴阳转换的时刻，也是人体阴阳气交的关键时刻，历代养生学家都非常重视这个节气的养生，因为人体的许多老毛病最容易在这一时期发作，如呼吸系统、泌尿系统疾病发病率相当高。为防止这一时期疾病的发生和促进人体的健康，日常生活中要安心静养，减少消耗；饮食上应以多样、清淡、温热、少缓为原则，少吃高糖、高脂肪、高盐的食物，多吃蛋白质、维生素、纤维素含量高的食物，如五谷杂粮、萝卜、大白菜、牛肉、羊肉、奶制品、豆制品、禽蛋类、菌藻类、坚果类等。

第一节　节气课

一、健康老师有话说

调养身体，合理饮食很重要： 到了冬至，调养身体很重要。由于天气冷了，体力劳动少了，出汗也少了，而人们的进食量却大了，并且动物类食物的比例加大了，夜里的睡眠时间也长了，这样就会出现人体摄入和消耗的失衡，基本上都是"入大于出"，所以冬季是人们增长体重的时候。因此，冬季的合理饮食很重要。

冬至时节，老北京人开始用立冬时储存的白菜、萝卜（下脚料部分）等做成馅料，来制作饺子、包子、菜团子等食物。

冬至时节养生汤羹

豆花。

豆花

冬至时节养生粥

燕麦粥。

冬至的民俗饮食

饺子。

保持"进出"的平衡，饮食运动的平衡：冬至，人们的食肉量会增加，吃的主食也会增多。天气寒冷，人们的室外活动也相对减少。饮食的高热量与低运动量形成了显著的反差，因此，冬季成了人们"养膘"的时期。

到了冬至以后，无论南方还是北方的人们，每天都必须能够保持"进出"的平衡，外面冷，不出去，活动少，那就要少吃或吃些低热量的食物。如果要出去，活动多，就可以多吃点，吃些热量高的食物。否则，摄入大于消耗，脂肪就会堆积，造成肥胖。

二、地理老师有话说

白天是最短的，黑夜是最长的：在我国，到了冬至这天，白天是最短的，黑夜是最长的。在冬至以前，天黑得一天比一天早，过了冬至，天黑得一天比一天晚，这是由我国所处的地理位置决定的。到了冬至节气，北方已经非常冷了。在室外，真的是滴水成冰了。过去，住平房的人最怕的是上厕所，所以北京人有一句调侃的话"冷厨房热茅房"，意思是说到了寒冷的天，从外面回来，赶紧跑进厨房，围着炉子转，边搓手烤手边跺脚，好像厨房才是最冷的地方；可是去厕所，是又脱衣服又脱裤子，好像厕所才是最暖和的地方，即使是露天厕所，也像是热得要脱衣服。老北京人的心理、思维都是很有意思的，传达了一种包容、乐观、开朗的人生态度，也验证了"一方水土养一方人"的说法。

三、生物老师有话说

过去，北方冬季新鲜蔬菜很少：到了冬至以后，在北京地区，人们就要准备过年的食物了。我国目前常食用的蔬菜大约有200种，其中有一半左右是从国外传进来的。其中，南北都能种植的有40～50种。这样就决定了每一个区域人们的饮食结构和饮食习惯的不同。北京地区主要种植大白菜、圆白菜、菜花、韭菜、菠菜、油菜、芹菜、香菜、莴笋、茄子、西红柿、辣椒、柿子椒、茴香、土豆、西葫芦、冬瓜、倭瓜、黄瓜、扁豆、大葱、蒜、洋葱和萝卜等，但是这些蔬菜的生长都有很强的季节性，都是相对怕冷的。所以在过去，北京人到了秋后就很难吃到新鲜的蔬菜了，而由于交通不便，很多南方的蔬菜也是不容易进京的。在南方，由于地理位置优越，只要不出现社会的动荡，是饿不死人的，因为可吃的东西太多了，全世界有 35000 多种植物可供人类食用，而在我国就占了十分之一（3500 多种），并且主要生长在我国的南方。

冬至时节，北方人的主食主要是三大类——玉米面、大米、白面，小米、绿豆、红小豆等是很少有的；蔬菜就是大白菜、各类萝卜、土豆、洋葱，此外还有咸菜、夏秋季晾晒的干菜和海带。而一些人家连这些都舍不得吃，因为还要留到开春后青黄不接的时候吃。过去家家户户的主食是米饭、两样面的馒头、金银卷、发糕，很少吃面条和水饺，因为白面的供给很少。

北方人用玉米面包大菜团子，菜馅主要是用储存的大白菜脱落下来的菜帮子，也有用大红萝卜（卞萝卜）做馅的，最主要的原因是那个时候家里人口多，尤其是男孩子多的家庭，只能这样做饭，不然粮食是不够吃的。所以北京老人常说"半大小子吃死老子"，形容的就是男孩子能吃。吃鱼、吃肉是过年过节才能想的，平时能吃上个鸡蛋就已经很不错了。所以在过去的冬至时节，炒辣白菜、白菜炖豆腐已经是很好的菜了。老北京还有一个吃食，叫"吃白狗"，并不是说吃狗肉，而是白水煮猪肉，把猪肉切成五寸见方，放到锅里，倒上水，直接煮，煮熟之后晾凉切片，蘸着调料吃。现在的冬至，想吃什么就吃什么，已经没有了节气的感受。人还是应该有节气的感受的，还是要符合生理周期变化。

第二节　劳动课

在我国，到了冬至节气就离过年不远了，因为下个节气就是"小寒"了。"大寒小寒又是一年"，所以到了冬至节气，家家户户就开始准备过年用的东西了。脱粒的脱粒，磨面的磨面。过去干这些活的工具主要是碾子，还有笸箩、笤帚、箩、簸箕和长木架。

面粉是过年时北方地区的主食。因为在过去，平时主要吃的是杂粮和粗粮，只有过年来客人、"办大事"的时候才能吃到细粮（小麦面粉）。

磨小麦面粉：

1.先要"洗"小麦粒。所谓的洗，不是倒上水洗，而是把小麦粒倒在笸箩里，然后用干净的湿布去擦。麦粒经过反复的擦和不断更换干净的湿布，很快就干净了。

2.小麦粒稍微晾晾就可以倒在碾盘上开始碾压了。

3.碾压也叫推碾子，有人推的，也有用驴拉着转的。人推时，是把碾子上的横棍子放在人的大腿根部，用人身体的力量往前推着走，而不是用手推。手的作用是拿着笤帚不断地把磨盘边上的粮食往里扫，不能掉地上。用驴拉时，要把驴的眼睛蒙上，这样转着拉磨驴不会晕，也不会偷吃麦子。

4.麦粒磨成面后，要用簸箕把面搓到箩里。把木架放进笸箩，再把放入面粉的箩放在木架上，顺着斜面上下反复推拉，细的面就落在笸箩里，粗的留在箩里。再把粗的倒在碾盘上碾压。经过反复操作，面粉就碾压好了。先压出来的，也就是与前两遍压出来的面是很白的，使用的时候也很有"劲"（指揉面的时候很有劲道），后压出来的就比较黑而且没有"劲"。

驴拉磨

簸面

碾面

箩面

现在的面粉大多都是用机器加工了。通过用较为原始的工具，更能体会劳动人民的辛苦，更能体会每一粒粮食的来之不易，要珍惜每一粒粮食，从现在做起，从我做起。

第三节　营养课

豌豆黄

豌豆用轧面机轧碎，去皮煮烂，加入适量白糖熬煮。做法同小豆凉糕。

豌豆黄是老北京传统小吃，深受百姓喜欢。据说，一天慈禧正坐在北海静心斋歇凉，忽听大街上传来敲打铜锣声和吆喝声，心里纳闷，忙问是干什么的，当值太监回禀是卖豌豆黄、芸豆卷的。慈禧一时高兴，传令将此人叫进园来。来人见了老佛爷急忙跪下，并双手捧着芸豆卷、豌豆黄，敬请老佛爷赏光。慈禧尝罢，赞不绝口，并把此人留在宫中，专门为她做豌豆黄和芸豆卷。

豌豆的营养价值很高，丰富的赖氨酸刺激胃蛋白酶与胃酸的分泌，可起到增进食欲的作用。其含有的钙、磷等物质能够促进骨骼健康。丰富的膳食纤维除了具有促进肠胃蠕动的作用，还具有抗菌消炎的功效。中医学也认为，豌豆有利小便、止渴、和中下气、解疮毒、消炎、祛除暑热、降压、减脂等功效。

第二十三章

小寒

公历每年
1月6日前后

———

太阳到达黄经285°时

为小寒

小寒小寒
无风也寒

小寒时节到，大地原来积蓄的热量已耗散到最低值，来自北方的强冷空气及寒潮冷风频繁侵袭中原大地，我国大部分地区进入"出门冰上走"的三九严寒。要说一年之中何时最冷，估计就是这会儿了。小寒是寒季的最后一个节气，老话说："夏练三伏，冬练三九。"这会儿正是人们加强锻炼、提高身体素质的关键时刻。从中医学角度来说，人体抵御寒冷、病邪靠的是阳气，只有阳气充足，才能百毒不侵、百病不生。

　　小寒时节，日常生活中防寒保暖很重要，冻疮是这个时节常见的皮肤病，是由皮肤长期受寒冷（10℃以下）作用所致。另外，防寒保暖时别忽视了脚部，寒从脚起，冬季感冒一般都是因为脚部受寒。饮食上应适当选择补阳养血的食物，如羊肉、牛肉等红肉类，多吃海参、鸽肉等高蛋白、易吸收、易消化的食物。这个季节也是口角炎的高发期，因为天气寒冷、气候干燥，缺少时令的蔬菜瓜果，建议吃些动物肝脏、瘦肉、禽蛋、牛奶、五谷杂粮、大白菜等食物。

第一节 节气课

一、健康老师有话说

冬吃萝卜夏吃姜： 到了小寒节气，在调理身体时，主要是要适当地增加高蛋白的食物，如鱼、牛肉、羊肉、猪肉等，更重要的是要补足气血，壮阳补阴，防寒暖身，还要防燥，防"上火"。所以，白菜萝卜不能少，老北京有"冬吃萝卜夏吃姜"的养生传统。

到了小寒节气，在老北京，能吃的食物种类是很有限的，除了米、面、大白菜、萝卜、土豆、洋葱，基本上就没有什么了。在过去，除了有限的鱼、肉以外，豆制品是人们改善伙食的主要食材。在过去，能够经常买得起豆制品的家庭是不多的，能买得起鱼、肉的更是少有，就连买豆腐渣和猪血都是要排队的。人们把买回来的豆腐渣加上玉米面蒸窝头，或者加上白面蒸馒头。也有炒豆腐渣吃的，在锅里放上油，放葱花、辣椒，炒熟后当菜吃。在过去，老北京人做的红白豆腐也很有名。先把血豆腐和豆腐切成小块，用开水焯了，控干，锅里倒油，用葱、花椒爆香，倒入血豆腐、豆腐，先炒后炖，放少许酱油，放盐，即可。在过去，老北京的家庭很少用姜，辣椒也是在有客人来的时候才能放，因为那时这些调味品是很稀缺的。如果是在西北，辣椒就更是上等的食物了，所以在西北有"油、盐、辣的高级菜"的传统，说明了那个年代这些食品的珍贵。要是在南方，即使到了小寒节气，人们的食物依旧是比较丰富的。

小寒时节养生汤羹

鱼肚乳鸽汤。

小寒的养生茶

普洱茶。

小寒的民俗饮食

虎皮冻。

二、地理老师有话说

观天气，看年景：大寒小寒又是一年，"观天气，看年景"是在我国广大农村人们都很熟悉的事情，所以每年从小寒到大寒天气的变化就很重要了。因为每年的小寒、大寒时节，在我国都是降水最少的时候。如果在这段时间里持续无降水，北方没雪，南方无雨，那第二年农作物的收成就会成问题。所以在我国的农业上有丰年、平年、灾年的说法。造成灾年的原因主要有三种：一是涝，二是旱，三是虫害。

小寒节气处在寒冬的"三九"时，也已经接近了腊月（农历十二月）。因此，到了小寒节气，也就进入到了冬天寒冷的高峰期。在我国北方，正是滑冰的最佳时节，"三九""四九"冰上走，也是在冰上抽陀螺的时节，如果是在东北地区，那正是滑雪的时候。在小寒时节，冰雪上的活动是过去北方人唯一的室外活动，活动的人群和年龄段也是很有限的，一般女性是很少参与的。所以在过去，北方人到了小寒节气前后，就开始"猫冬"了，也就是在家里待着，不出去了，躲过整个寒冬。到了小寒节气，最苦的要属南方了。在过去，室内没有取暖的设施，大部分的南方地区室外温度也不高，对于老人、婴幼儿、患病者是很难熬的。

三、生物老师有话说

　　天上无鸟，树上无叶，地上无草： 到了小寒节气，我国的北方是天上无鸟（鸟少），树上无叶，地上无草，河里无水（结冰），路上无人（在过去，没人出门）。在过去，我国的南方到了小寒节气，虽然也会冷些，但是对木本植物的影响不大，对于草本植物会有一些影响。可是从近两年的情况来看，南方到了小寒节气以后，有些地区开始出现降雪天气，而且降雪的区域越来越大，降温的幅度也越来越大。南方地区的低温、降雪天气，不只给人们的出行造成困难，而且对室外的时令农作物也造成了毁灭性的灾害。

　　长期生活在南方的温热带动物是会被冻伤或冻死的，但是在食物种类上，还是比较多的。可是在北方地区就不同了，到了小寒节气以后，无论是飞禽，还是爬行动物，觅食都是最大的问题，喝水更成问题。所以在北方地区的冬季，动物饿死、渴死、冻死的是很多的，体质弱的、幼小的动物很难过冬。在我国的东北，到了小寒节气，在冰水中捕鱼是每年都要做的工作，在冰面上砸几个窟窿，把粘网从冰窟窿顺下去，从另一个冰窟窿拉上来，网上就会有很多的鱼。在这个时节捕上来的鱼是最肥的，而且也容易运输和储存。在过去，小寒节气也是猎户狩猎的时期。在过去，北方人在冬季要烧炭，要把一年需要的木炭都烧出来。在过去，北方人到了冬季，特别是到了小寒左右，室外的工作是很少的，其实在南方到了这个节气，工作也不会太多。

四、历史老师有话说

我国传统的民风民俗：中国自古有祭天地、祭祖宗的传统，北京有天坛、地坛、月坛、日坛，还有先农坛。先农坛按照字义有"农坛在先"的意思，因为自古以来人们进行祭奠的祭品都离不开食物，而所有的食物都离不开农，人要吃饭，动物也得吃食，因此，农必须在先，这也就是人们常说的"兵马未动粮草先行"。先农坛里有一亩三分地，皇帝、皇后每年都要去耕地播种，可见农在人们心中的地位。大寒、小寒是一年当中最寒冷的时候，如果再加上没有吃的东西，那就是"饥寒交迫"了。如果没有了食物，就是天、地、日、月再好也没有用了，其实也就是"观天气（地），看年景"了。在过去，"年景"也是有规律的，农作物也有"大年"和"小年"。"大年"就是所说的"丰年"，"小年"就是歉收的年份。民间也有说法认为收成与我们的十二属相有关，有所谓的"牛马年好种田"，遇到龙年和蛇年容易闹水灾。其实，除了人为的对大自然的破坏外，大自然本身也是有规律性的，如果在一年当中的整个秋季无降水，或很少降水，那这个冬天就容易出现"暖冬"；反之，秋季多降水，冬季就容易出现"冷冬"。这是因为土地越湿，环境就会越冷；土地越干，环境就不会太冷。就像我们人体，在寒冷天里穿一件干松的棉袄和穿一件潮湿的棉袄不一样，穿湿的肯定感觉更冷。

有人认为"年景"的好坏与人的十二属相有关，其实是没有道理的。要是说起十二属相，在民间也有多种说法，最多的是说在历史上有个佛陀，是他要用动物的名字作为年号，于是召集所有的动物来开会。有十二种动物先到了，佛陀便用这十二种动物的名字作为十二个年号。有人说十二属相里没有猫是因为老鼠骗了猫，自己先到的。因此，猫和老鼠成了死敌，这种说法也是没有根据的。真实的事情是古人在排十二属相的时候，猫还没有传入中国，猫原产于今天的埃及，中国的猫是后来从埃及传入的。古人编制十二属相时，是找了十二类都有缺陷的动物，其目的就是告诉人们，谁也别瞧不起谁，谁都有缺点，谁都有不足之处，人本来就不应该分高低贵贱的。古人是把每一个人、每一种人都看得很平等，这才是古人的唯物主义、唯物论。

十二属相的缺陷：

鼠：无目，所以有"鼠目寸光"的成语。

牛：无齿，吃下去的草料没有细细嚼碎，需要进行反刍。

虎：无脖，看不见身后，所以老虎的屁股摸不得。你去摸它的屁股，它看不见，就会认为你不怀好意，所以它就会用尾巴抽你。

兔：无唇，兔子是"三瓣"嘴。

龙：无耳，因为传统中的龙是在天上，离老天爷太近，老天爷一打雷就震龙的耳朵，雷的声音太大，所以龙就不长耳朵了。

蛇：无足，所以后来才有"画蛇添足"的成语。

马：无指，马没有趾头，所以马是奇蹄动物。

羊：无神，所以老北京人形容有的人为"死羊眼"，是说眼里没有神，没有"活儿"。

猴：无腮，猴没有腮帮子，所以有"尖嘴猴腮"的词。

鸡：无肾，鸡不撒尿，所以老北京人有句话叫"小鸡不撒尿，各有各的道"。

狗：无味，狗没有味觉（有嗅觉），所以有"狗改不了吃屎"的俗语。

猪：无脑，常形容人跟猪一样"记吃不记打"。

所以，古人在排十二属相的时候是很有现实意义的。因此，十二属相千百年来一直流传至今，而且很"实用"。

五、化学老师有话说

皮毛的制作和清洗：在过去，特别是我国的北方地区，到了小寒节气以后，天气是"伤皮冻骨"，所有的人外出时都会捂得很严实，过去的御寒主要是靠棉衣、皮衣。下面介绍一下"生毛皮"是怎么成为"熟毛皮"的。在过去，人们会把新宰杀的羊或其他动物的皮，用钉子钉在墙上，晾干后，按照皮子的多少，把皮硝放在大缸里，用水化开，把生皮子放进去，在上面压上石头，使生皮子完全泡在水里，约一周左右，把生皮子捞出，固定在木架子上，用专用的刀，把皮子里面的脏东西、油脂、烂肉等铲干净，然后进行清洗，清洗后放到阴凉通风处晾干，晾干后用手反复搓揉，至变软为止，这就把生毛皮给"熟"好了。在这里，放皮硝的量是最重要的，如果放少了，脏的油脂就下不来。皮硝也叫芒硝，它的化学式为 $Na_2SO_4 \cdot 10H_2O$，具有很强的去污、去油的作用。

再介绍一个清洗皮毛的方法。先将皮子的毛面向上铺好，在毛的上面均匀地喷上白酒，要选择度数高的。喷完白酒后，把生的黄米面倒进箩里，在皮毛上筛匀，然后用手去揉搓，毛很快就会干净，恢复本色，最后把皮衣挂在阴凉通风处，用木棍把黄米面拍打干净即可。白酒主要成分是乙醇，化学式是 C_2H_6O，具有消毒、灭菌、防腐的作用，容易挥发。

第二节　劳动课

在我国的北方地区，小寒节气是天气最冷的时候，又快到过年的时候了。过去，每到这个时节，有的家庭就开始制作黄酱。小寒

节气里制作黄酱的条件也最好,因为室内的暖气也好,火炕也好,火炉子也好,烧得都很热,很适合做黄酱。

1. 在准备制作黄酱的数天前,先把剩下的馒头放在热源的旁边,使馒头干透开裂。

2. 把大豆泡开,放到锅里煮熟煮烂。

3. 把面粉炒成黄色。

4. 把干馒头砸碎。

5. 把煮好的大豆捣碎和碎干馒头、炒好的面粉一起放入盆里,用凉白开水和好,用手揉成馒头大小的团。

烘干馒头

泡豆煮豆

6. 把一大块干净的布铺在筐里,再把揉好的"团儿"码入筐内,用干净的湿布蒙盖好,放到暖气边上或热炕头上,这也叫作"酱坯子"。要经常打开布,把坯子上下翻倒,重新用布盖上后,还要适当往布上喷点水。经过数日后,坯子上面会裂开很多口子,坯口会长很多绿毛,而且坯子会干得很透。

7. 把酱缸清洗干净,把坯子砸碎后倒进缸里,放进足量的盐,再倒入凉白开水,用擀面杖搅拌成粥状,把缸口封严放到屋子的角落开始发酵。中途不要打开盖。

做酱坯子

码入筐中

8.经过数十天后找个太阳非常足的热天，把酱缸盖打开，缸口直接迎着太阳。打开缸时看到的酱是发灰白色或浅黄粉色，当太阳光照到酱上时，酱会迅速地变成深红色或黑红色。这时要用擀面杖不停地在缸里搅拌，使酱都能均匀地见到阳光，不需要太长时间就会完全变成好颜色，这就是化学上常说的"美拉德反应"。

在前期放盐时一定要一次性放足，不能在酱发酵好后再补，因此，民间有一句话说"省了盐酸了酱"，盐少了酱就酸了。

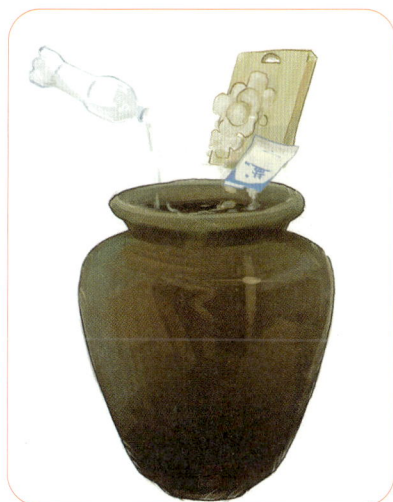

入缸发酵

开缸搅拌

第三节　营养课

醋熘白菜

原料：大白菜。

制作：

1. 选白口大白菜，洗净，用"内"帮部分。

2. 偏刀把白菜片切成核桃大小的块。

3. 准备一盆带冰碴的水。

4. 锅里放水，大火烧开，把切好的白菜下锅，锅里的水一定要"宽"，等再次水开后迅速捞出白菜，直接放入冰水里。

5. 捞出白菜，控去水分，加入盐搅拌。

6. 锅烧热后放底油，放花椒、辣椒、姜片、葱段爆香后捞出，倒入调好的汁（汁里有水、淀粉、盐、酱油、食醋）。

7. 汁熬好后倒入白菜，翻勺炒匀后出锅装盘。

营养评说

白菜含有丰富的钙、铁等矿物质与维生素C等，醋能保持白菜中的维生素C不被破坏。两者相合，做成之后酸脆爽口。此外，白菜含有丰富的粗纤维，不但能起到润肠、促进排毒的作用，又可刺激肠胃蠕动，促进大便排泄，帮助消化，是减肥去脂的佳肴。

第二十四章

大寒

公历每年
1 月 20 日前后

———

太阳到达黄经 300° 时
为大寒

寒风刺骨　冻肤伤心
糖助其里　脂阻于外
饱则盛势　饥伤损体
大寒大寒　防风御寒

进入大寒，气象学六季的第一季——风季就开始了。大寒期间，寒潮南下活动频繁，我国大部分地区风大，低温使地面积雪不化，呈现出冰天雪地、天寒地冻的严寒景象。此时北方冷空气势力强大，空气干燥，雨雪较少，是一年中降水最少的时期。这会儿风邪初起，伴随着寒冷的天气，风与寒两股邪气最容易合伙侵犯人的体表。

大寒是冬季最后一个节气，风季第一个节气，也是天气最为寒冷的时节，应注意防寒保暖，坚持耐寒锻炼，增强血液循环，提高人体抵抗能力，防止冻疮、呼吸系统疾病及各种老毛病的复发。天气最冷的时候，如本身有抑郁倾向或平时工作压力过大的人，在这段时间进入敏感期，不良情绪如不及时排解就容易影响健康。日常生活中除了要坚持锻炼身体，饮食也应适当增加能量高的食物，如肉类、五谷杂粮类、汤羹类。

大寒小寒又是一年，大寒前后常与农历岁末相重合。小年后，人们就开始忙着迎接除夕和春节，春节是一年中最为重要也是最盛大的节日，此时人们无论离家多远，都要赶回来过春节，吃团圆饭。在过年的时候，家家户户是要喝酒的。年三十喝酒是有特殊规矩的，平时喝酒都是长辈先喝，晚辈后喝，但年三十是相反的，因为年三十的酒叫"屠苏酒"，必须"幼者先喝，长者后喝；幼者得年，长者失年"。

老北京有"进腊过年"之说，人们很早就开始准备年货，如蒸馒头、蒸豆包、蒸包子、蒸糖三角、蒸年糕、炸油饼、炸麻花、炸排叉、炸咯吱、做豆腐、炸豆腐鱼儿、炖肉、炸丸子、炸年糕。

第一节　节气课

一、健康老师有话说

多补充水分，多吃含维生素 A、维生素 E 的食物，防止手脚干裂和眼干唇裂：到了大寒节气，我国北方地区天寒地冻，北风呼啸，天干物燥，常使人们的口鼻"冒烟"，喉干口渴。所以在北方，到了大寒节气后，人们更要多补充水分，多吃含维生素 A、维生素 E 的食物，防止手脚干裂和眼干唇裂，少吃辣的食物，保证蔬菜、水果的摄入量，防肝火、肺火、胃火。外出注意保暖，要戒烟限酒。

在大寒节气，人们应该适量地补充热量，补充蔬菜和水果，吃饭时多喝些汤类，煲汤养生很重要。

大寒时节养生粥

八宝粥。

大寒时节养生汤

花生凤爪汤。

大寒的民俗饮食

涮羊肉。

过年期间的养生也很重要: 大寒节气以后,在我国,人们开始准备年货了,过年(春节)是全中国人的一件大事,过年吃什么也是家家户户的大事。在过去,民间有"正月不动刀"的传统,也就是在每年的腊月二十三过小年的前后,家家户户就开始磨面碾米了,小年以后,就开始杀鸡、宰猪、宰牛、宰羊了,蒸、煮、炖、炸、烤、烙,要把一整个正月里的饭做出来。在北方,还得把正月十五吃的元宵摇出来,这样人们在正月里就不用做饭了,吃饭的时候,用锅热一热就行了。在过去,家家户户都是把做熟的食物放在院子里的背阴处,用盆扣好,上面压上石头等重物,防止被野猫或其他动物叼走、偷吃,最重要的是防老鼠。有的家庭是把食物装在篮子里,用绳吊起来。出了正月后,家家户户的年过完了,食物也吃完了,就要进入"青黄不接"的时期了。在过去,正月一过,人们就开始外出,打工的打工,讨饭的讨饭。现在,等到春节一过,特别是元宵节一过,人们就开始工作了,农村的人就开始返城务工。现在人们的生活好了,富裕了,但"过年病"也多起来了,大吃大喝、熬夜打牌是通病,患心脑血管疾病等慢性病的人,在过年时候发病,甚至死亡的人也是越来越多,所以过年期间的养生也很重要。

老北京过年的顺口溜：

小小子儿，你别烦（馋），过了腊八就是年；腊八粥，喝几天；哩哩啦啦二十三；二十三，糖瓜粘；二十四，扫房日；二十五，炸豆腐；二十六，煮白肉；二十七，杀公鸡；二十八，把面发；二十九，蒸馒头；三十晚上熬一宿。大年初一去拜年，不要铜子要洋钱。初一的饺子，初二的面，初三的合子往家转；破五吃饺子，十五吃元宵。

预防流感非常重要，多吃些富含维生素C的食物：大寒节气，流行性感冒是南北方的主要疾病，而且传播速度快；流行性感冒也是诱发多种疾病的主要原因。因此，在这个季节里，预防流行性感冒是非常重要的。人们可以多吃些富含维生素C的食物。维生素C主要存在水果和蔬菜里，我们应该首先选择水果，因为维生素C怕高温，蔬菜在冬天是很少凉拌的，大多数人会选择热加工。烹饪熟的蔬菜维生素C被破坏得很严重，即使能留下来也是很少的。含维生素C比较高的食物有猕猴桃、柑橘类、柿子椒、西红柿等。

二、地理老师有话说

严寒也难阻挡人们回家的脚步：在每年的阳历（公历）一月份里，就到了大寒节气。在我国的北方地区，到了大寒节气，北风刺骨，寒冷无比，而且此时是降水最少的时间段。因此，天气既干又燥，还冷。如果是在我国西北、东北的严寒地区，到了大寒节气，在正常年份里，温度降到 $-30 \sim -20$℃是常见的。在大寒节气里，北方的晴天是很多的。在我国的南方地区，到了大寒节气，大部分的地方温度都是很低的，只有海南岛一带温度能够达到20℃以上。在这个节气里，南方地区的降水也是全年当中最少的。大寒也是冬季的最后一个节气，到了大寒离春节就不远了。所以，每年大寒过后，在外地的人就该陆陆续续返家了，严寒也难阻挡人们回家的脚步。

三、生物老师有话说

室外的植物完全失去了生机，野生动物也面临着寒冷的威胁：到了大寒节气，在我国的北方地区，室外的植物已经完全失去了生机，只有麦苗能够藏在雪地里生存。冬小麦只要有冰雪盖在上面，就能够生存下来。冬小麦不怕冰雪，最怕干旱，如果麦田的地被风给吹干了，那冬小麦就会死掉。小麦是生长时间最长的农作物，一般情况下，农作物生长时间越长就越好吃。北方的水稻就比南方的水稻生长时间长，所以北方的大米就比南方的大米好吃。北方的水稻一年只能种一季，而南方的水稻一年能种两季或三季。北方的水稻还有一种叫"旱直播"的，南方的水稻是在每年的阳历三月以后泡种、育苗，五月左右拔秧、插秧，而北方的"旱直播"是在六月份收完地里的小麦以后，用麦田的地直接播种，种上稻子，这种种法就叫"旱直播"。"旱直播"的大米，生长时间短，产量低，而且不好吃，没有一点油性，所以现在已经见不到了，甚至很多人都不知道有"旱直播"这个名字了。到了大寒节气，在北方地区，地上的动物都懒得跑了，树上的鸟也都懒得叫了。

大寒以后，野外的动物也越来越瘦了，食物的获取也越来越困难，就连喝水也会成为一大难题。在我国南方，到了大寒节气，在正常的年份里，动植物的生存是没有问题的，但是近些年，南方出现极端天气的次数越来越多，因此，对南方的农作物和野生动物的危害是很大的。现在，极端天气已经不再是局部地区的环境问题了，而是世界性的问题。

四、历史老师有话说

"腊八蒜""腊八粥"的历史传说：大寒时节是在腊月里。"腊八"是我国民间的一个传统节日。对于"腊八"，人们都知道是泡"腊八蒜"的日子，也是喝"腊八粥"的日子。泡"腊八蒜"的历史有很久了，"腊八"这天泡的"腊八蒜"在过去主要是在春节时候吃。除夕和大年初一吃饺子时，会吃"腊八醋""腊八蒜"。实际上我们现在平时在吃饺子、面条时也能够经常吃上"腊八醋""腊八蒜"。但是喝"腊八粥"却不同了，一般的人家还是保留着在"腊八"这天早晨喝"腊八粥"的传统。

关于喝"腊八粥"，在我国的民间有多种传说。话说在很久以前，在农村有一户人家，老两口是老来得子，所以对儿子百般地疼爱，后来发展到溺爱。这个儿子好吃懒做，饭来张口，衣来伸手，地里的农活完全由老父母去耕作。后来儿子长大了，老两口给儿子娶了个媳妇，没想到娶进门的儿媳妇比儿子还懒，什么事情都不做，家中里里外外还都是由老两口去打理。老两口每年都把打下来的粮食放在不同的粮食囤里。过去的粮食囤用砖或石块打底，要高于地面，为了防水防潮，形状为圆形，再转圈用圆木钉在地里，圆木与圆木之间的距离要合理，在圆木里围上几层芦苇席，底下也要铺上芦苇席，把打下的粮食直接倒进去，再在上面用芦苇席制成圆的尖顶，最后用绳子捆绑好，捆结实了，这样就不怕刮风下雨了。老两口年复一年、日复一日地劳作，积攒下了八种不同的粮食。老父亲由于年迈，先去世了，临去世前把儿子、儿媳妇叫到炕边。中国有句话"知子莫若父"，老人知道儿子好吃懒做，指望不上，所以对儿媳妇说："等我死后，你要把家管起来。"于是把钥匙交到儿媳妇的手里，把家托付给了儿媳妇。可是在老人死后，儿子和儿媳妇仍然什么都不做，根本不去地里干农活，只能靠着老母亲干点活。再后来老母亲也劳累过度，病倒在炕上，老母亲在弥留之际想，老伴在去世前把家托付给了儿媳妇，可是儿媳妇什么都没做，看来儿媳妇是指望不上了，还得指望自己的儿子。于是老母亲把儿子、儿媳妇叫到炕边，把钥匙从儿媳妇手里要了过来，交到了儿子手里，千叮咛万嘱咐，叫儿子把地种上，好好过日子，儿子答应下来后，老母亲也去世了。在父母都去世后，儿子、儿媳妇更加轻松了，更没有压力了，没人管了，没人唠叨了，更是什么都不干了。他们慢慢地把父母留下来的八囤粮食在"腊八"前都给吃完了。到了"腊八"的早晨，实在是饿得不行了，于是二人把八个粮囤的囤底子用笤帚扫了又扫，终于在每个囤子底下各扫了一小把粮食。当小两口看见扫起来的八小把粮食，真是四目泛光，就好像见到八种宝贝一样。然而，扫出来的粮食只够熬粥的，于是小两口熬了一锅粥。把粥喝完后，从此再也没有可吃的了，后来，小两口被饿死了。

　　这个故事告诉我们，人一定要勤劳，人是靠劳动才能活着的，靠自己的劳动才能够生存下去。为了训诫后人，人们把"腊八"这天熬的粥称为"腊八粥"，也是在教育人们，无论在什么情况下，都不能溺爱孩子，溺爱就是在害孩子。可是今天，仍有数不胜数的父母在溺爱孩子，而且是有过之而无不及。

　　关于"腊八粥"的传说，也有说是与释迦牟尼成道之日有关。我们都知道《西游记》里的唐僧师徒四人去西天取经，而西天里的佛祖就是释迦牟尼。《西游记》的故事发生在唐代初年，也就是说在唐代的初年，释迦牟尼就已经成为佛祖了，而我们的"腊八粥"据历史记载始于宋代，诗人陆游有诗为证。

第二节　劳动课

到了大寒节气，我国无论是南方还是北方都在准备过年用的东西，食物也要准备齐全。因为在我国的传统里，过年期间是不干活的，甚至不能动刀，就连喜事过年期间也是不办的，所以必须提前把应该吃的食物全部做好。

过去，像现在高中生这么大的孩子在年前，也就是大寒节气里，会帮助父母制作过年的食物。男孩子有力气，会帮助父母和面、揉面。因为那时过年需要用的面很多，少说也要几十千克，甚至更多，人口多的家庭就更多了。还有就是走亲访友的客人，每天用餐的人会很多。那时的面食主要有蒸的，比如馒头、发糕、荤素馅的包子、豆包等，还有烙饼、炸油饼、油条、麻花、排叉、豆腐等。由此可见，男孩子的活儿还是很多的。女孩子在这个时候会帮助父母拆洗被褥、窗帘等，拆洗完了晾干后，还要帮助缝好做好。

过去，过年的时间分小年和大年。小年的时间是从腊月二十三开始算起，到大年三十晚上；大年是从腊月三十晚上的零点到正月十五的夜里，也就是到正月十六早上结束，人们开始恢复正常的工作、生活。

炸年货

蒸年货

拆洗被褥

缝缝补补

春节是中华文化优秀传统的重要载体，蕴含着中华民族文化的智慧和结晶，凝聚着国人的人生追求和情感寄托，传承着中华社会伦理道德。春节代表着辞旧迎新、吉祥、团圆、和平、繁荣等美好的祝愿。在春节，人们会尽力回家与亲人团聚，以表达对来年的热切期待和对新的一年生活的美好祝愿。与家人一同置办年货、大扫除，可以让同学们对中国传统年俗有更全面的了解与传承，也能享受家庭的温暖和亲情。

第三节　营养课

🔵 元宵和汤圆

在正月十五，北方是吃元宵、摇元宵，南方是包汤圆。

1. 北方的元宵制作

原料：糯米粉、五仁馅（花生仁、芝麻仁、核桃仁、瓜子仁、杏仁），这是传统的，后来又有了巧克力馅、红豆沙馅、山楂馅等。

制馅：先把各种仁料用小火炒熟。炒熟后的仁料要弄碎，把各种仁料放进盆里，放入白糖、白油（熟猪油）、熟面粉，调成能成团的程度，要不散，然后压扁、切条、切块。

摇制：把糯米粉放进笸箩里，把馅料放在笊篱上，要慢慢地把笊篱放进水里（盆里有水）然后提起，把料倒进笸箩里，抬起笸箩的一头进行摇动。馅料完全裹上糯米粉后，再码在笊篱里，再放入盆里的水里，提上来再放入笸箩里摇，要反复多次，使元宵达到每500克面30～40个就可以了。

煮元宵要用开水。锅里水开后放入元宵。

2. 南方的汤圆制作

汤圆有肉馅的，比元宵的馅种类要多。

原料：糯米粉、白糖、五仁（花生仁、芝麻仁、核桃仁、瓜子仁、杏仁）、白油。

制馅：把馅制作好，揉成团。

和面：糯米粉 500 克，加水 300 克，油 50 克，和好面后，直接用手团、压扁，包入馅就可以了。清真食品用植物油，用熟油。

元宵或汤圆是中国汉族传统小吃，元宵节吃元宵或汤圆，已是中华民族的传统习俗。软糯香甜的元宵、汤圆也象征着人们祈盼团圆、阖家幸福的美好寓意。

元宵或汤圆的馅料，因有芝麻、花生、核桃和猪油的加入，让元宵的营养价值得到提升。元宵馅不论甜咸，普遍含有较多的糖分或油脂，所以是热量高、耐风寒的季节食品，对于三高和糖尿病人群都不宜过量食用。四颗芝麻元宵的热量已相当于一碗米饭的热量了。

元宵或汤圆的面皮都是以糯米粉为食材。中医学认为，糯米性温，味甘，入肺、脾经，有补虚补血、健脾暖胃的作用，是一种温和的滋补品。但它黏性高，不易消化，老人、小孩、胃肠功能较弱的人不宜多食。